"十四五"职业教育国家规划教材

北京市特色高水平骨干专业建设项目

食品理化检测

张根岭　主编

U0953161

中国轻工业出版社

图书在版编目（CIP）数据

食品理化检测 / 张根岭主编. —北京：中国轻工业出版社，2025.2

ISBN 978-7-5184-3492-3

Ⅰ. ① 食… Ⅱ. ① 张… Ⅲ. ① 食品检验—教材 Ⅳ. ① TS207.3

中国版本图书馆CIP数据核字（2021）第076863号

责任编辑：张　靓　王宝瑶　　责任终审：唐是雯　　整体设计：锋尚设计
策划编辑：张　靓　　　　　　责任校对：朱燕春　　责任监印：张京华

出版发行：中国轻工业出版社（北京鲁谷东街5号，邮编：100040）
印　　刷：艺堂印刷（天津）有限公司
经　　销：各地新华书店
版　　次：2025年2月第1版第4次印刷
开　　本：787 × 1092　1/16　印张：14
字　　数：300千字
书　　号：ISBN 978-7-5184-3492-3　定价：52.00元
邮购电话：010-85119873
发行电话：010-85119832　010-85119912
网　　址：http://www.chlip.com.cn
Email：club@chlip.com.cn

如发现图书残缺请与我社邮购联系调换
250212J3C104ZBW

前言

“食品理化检测”是食品加工与检验专业的核心课程，涉及食品安全、理化分析和食品科学等学科知识，本教材由多年从事食品检验教学的骨干教师和企业专家，在充分调研企业岗位要求和学校教学需求的基础上进行编写。

本教材根据食品检验岗位真实的工作任务设置学习情境，以典型性、实践性、职业性、先进性为原则选取工作任务，并结合相关理论知识，使之成为学习任务，同时融入职业素质内容，使学生在掌握理论知识、专业技能的同时，逐步形成和提高个人职业素养。

本教材以食品检验岗位能力需要为主线，融入最新国家标准、新技术、新工艺和新方法，通过手机扫码看课件、手机扫码做课前测试和“思政园地”等环节，调动学生学习积极性。学生通过完成不同的任务，掌握食品理化检测的工作技能，实现职业能力的提高。依据食品检测岗位实际工作需求，本教材将食品理化检测课程构建为五个项目：常用器皿的使用、物质称量与溶液配制、样品的采集与制备、食品的物理检验、酸碱滴定分析，使学生掌握食品理化检测基本理论知识，食品检验岗位应用性知识；学会食品理化检测的基本操作规范和技能，具备食品安全责任意识、严谨求实、客观公正、爱岗敬业的职业素质；践行大食物观,保障食品安全。

本教材可作为食品类及其相关专业中级工层级教材或教学参考书，还可供从事食品安全检验和食品生产等领域的专业人员参阅，为常规食品理化检测提供一定的理论依据。

本教材由张根岭担任主编，王薇担任副主编，刘娅、于超、孙婷婷、杨艳、蔺瑞、马彬彬、吴昊、王超南、薛洁参与编写。赵栩楠、李胜男、王晓茜、韩静、刘倩为本教材的编写做了大量工作。本教材在编写过程中参阅了大量的书籍和文献，同时得到了北京三元食品股份有限公司、北京市产品质量监督检验院、中国肉类食品综合研究中心、北京一轻产品质量检测有限公司、北京一轻食品集团有限公司、中国食品发酵工业研究院等单位的大力支持，在此表示诚挚的感谢。

由于时间和编者水平有限，书中不妥之处在所难免，恳请读者批评指正。

编者

目录

项目一 常用器皿的使用

任务1　常用器皿的认识与洗涤

学习目标

知识目标

1. 了解食品检验中常用器皿的分类、规格、性能、用途。
2. 熟悉实验室常用的洗涤剂及其使用方法。
3. 掌握常见玻璃仪器的洗涤、干燥及保管方法。

技能目标

1. 能够正确认识实验室常用器皿，并能够对常用器皿的性质、用途进行描述。
2. 能正确选择洗涤剂，正确洗净器皿。

素养目标

1. 通过学习玻璃器皿的使用和洗涤，培养学生科学、严谨、细致的工作态度。
2. 通过各种玻璃器皿的使用和洗涤操作环节，培养学生的规范操作意识。
3. 能够按现场7S及相关标准，整理现场和处理废弃物，具备认真细致的态度，严格执行企业安全作业规定。

任务描述

在进行食品检验时，必须认识各种实验室常用玻璃仪器并掌握其使用方法。在食品检验中，需要使用洁净的玻璃仪器，否则会影响检验结果的准确性，所以实验所用的各种仪器必须洗涤干净。洗涤时应根据污物性质和实验要求选择不同的洗涤剂和不同的洗涤方法。本任务要为某实验室即将进行的实验做以下准备工作：从常用玻璃仪器中选出烧杯、量筒、试管、试剂瓶、锥形瓶、碘量瓶，并将选出的烧杯、量筒、试管、试剂瓶、锥形瓶、碘量瓶洗涤干净备用。我们将按照如图1-1所示的环节完成学习任务。

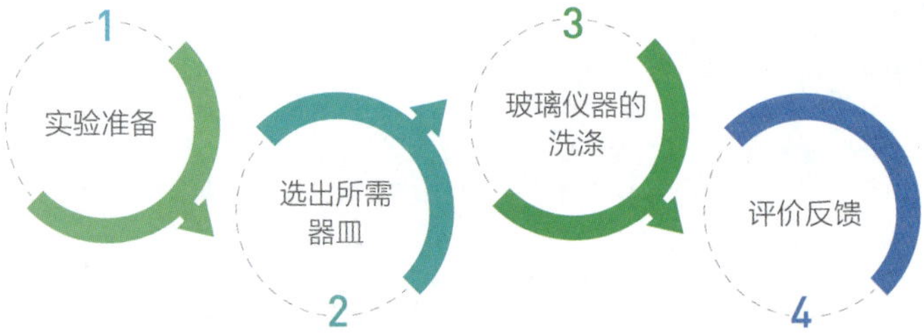

图1-1 “任务1　常用器皿的认识与洗涤”实施环节

任务要求

1．能正确选出所需器皿。

2．能独立完成常用器皿的洗涤任务。

课前准备

一、学习资源准备

通过网络获取GB/T 12810—2021《实验室玻璃仪器　玻璃量器的容量校准和使用方法》、GB/T 15724—2008《实验室玻璃仪器　烧杯》、GB/T 12804—2011《实验室玻璃仪器　量筒》、GB/T 11414—2007《实验室玻璃仪器　瓶》、GB/T 21298—2007《实验室玻璃仪器　试管》、GB/T 12805—2011《实验室玻璃仪器　滴定管》、GB/T 12808—2015《实验室玻璃仪器　单标线吸量管》、GB/T 12803—2015《实验室玻璃仪器　量杯》、GB/T 12806—2011《实验室玻璃仪器　单标线容量瓶》、GB/T 12807—2021《实验室玻璃仪器　分度吸量管》、GB 21549—2008《实验室玻璃仪器　玻璃烧器的安全要求》、QB/T 2561—2002《实验室玻璃仪器　试管和培养管》、QB/T 2110—1995《实验室玻璃仪器　分液漏斗和滴液漏斗》、GB/T 28213—2011《实验室玻璃仪器　培养皿》、GB/T 22362—2008《实验室玻璃仪器　烧瓶》、GB/T 15723—1995《实验室玻璃仪器　干燥器》、GB/T 22067—2008《实验室玻璃仪器　广口烧瓶》、GB/T 28211—2011《实验室玻璃仪器　过滤漏斗》、GB/T 28212—2011《实验室玻璃仪器　冷凝管》、GB/T 15725.6—1995《实验室玻璃仪器　磨口烧瓶》、JJG 196—2006《常用玻璃量器检定规程》、GB/T 8170—2008《数值修约规则与极限数值的表示和判定》等相关资料。

二、完成预习任务

1．阅读学习相关资源，归纳对常见玻璃仪器的认识与洗涤的相关知识。

2．绘制操作流程小报并初拟实验方案。

3．完成老师发布的预习小测验等相关预习任务，手机扫码完成课前测试。

常用器皿的认识与洗涤课前测试

三、完成课前讨论

1．完成《学情分析表》（附录1）。

2．在线提出预习中存在的问题，并进行相关讨论。

思政园地

细节决定成败。细节的实质是认真的态度和科学的精神。作为一名合格的检验人员，更应做到严谨、细致、精益求精。

知识链接

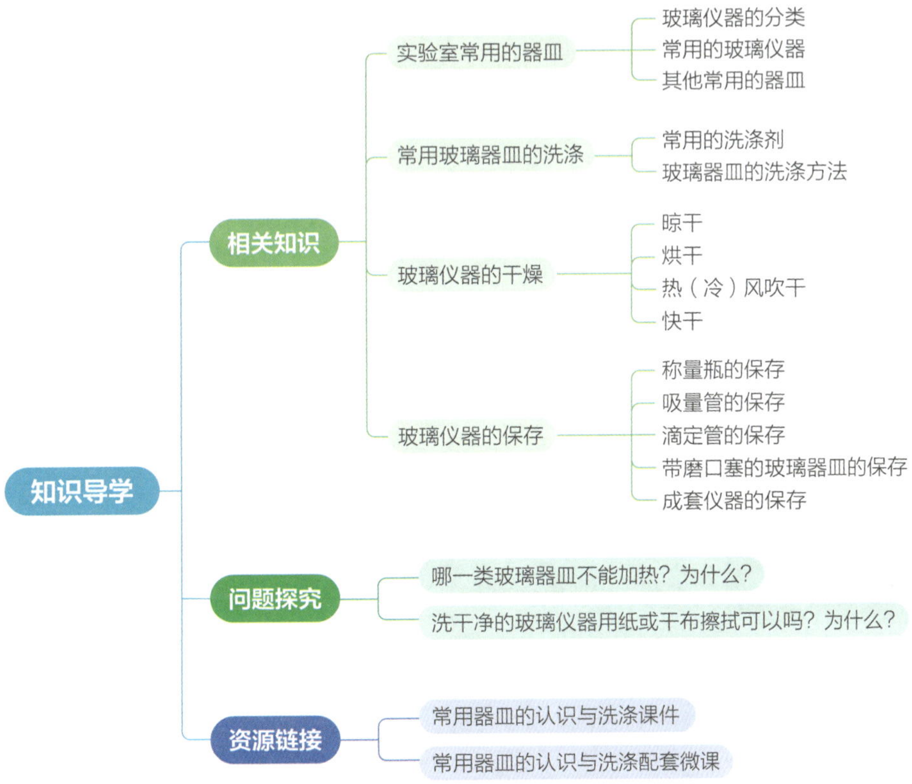

图1-2　“常用器皿的认识与洗涤”知识思维导图

一、相关知识

（一）实验室常用的器皿

实验室常用的器皿，主要包括玻璃仪器和一些其他材质的器皿，如瓷质、木质、铁质器皿等。

1. 玻璃仪器的分类

玻璃仪器是食品检验工作中最常用、最基本的仪器。玻璃仪器种类很多，按用途可分为容器类、量器类和特殊用途类。

（1）容器类　容器类玻璃仪器是指实验室中用于贮存和运送物料，以及容纳物质在其中进行化学反应的玻璃仪器，包括各种试剂瓶、滴瓶、烧杯、锥形瓶、试管等。根据它们能否受热又可分为可加热的仪器和不宜加热的仪器。

（2）量器类　量器类玻璃仪器是用于计量物质体积的一类器皿，不宜在火上直接加热，包括各种滴定管、吸量管、容量瓶、量筒和量杯等。量器又分为量出式量器和量入式量器。量出式量器（量器上标有“Ex”），如滴定管和吸量管等，可用于测定从量器中排出液体的体积；量入式量器（量器上标有“In”），如容量瓶等用于测量量器中所容纳液体的体积。

（3）特殊用途类　特殊用途类玻璃仪器包括各种冷凝管、漏斗、称量瓶、干燥器、玻璃研钵等。

2. 常用的玻璃仪器

实验室常用玻璃仪器的规格、主要用途及使用注意事项见表1-1。

表1-1　实验室常用玻璃仪器的规格、主要用途及使用注意事项

名称及配图	规格及种类	主要用途	使用注意事项
烧杯 	（1）规格：以容积（mL）表示，有10，15，25，50，100，250，1000，2000mL等； （2）种类：可分为一般型、高型、有刻度和无刻度等	（1）可作为反应容器，易于使反应物混合均匀； （2）也用作配制溶液时的容器或简易水浴的盛水器	（1）反应液体不能超过烧杯容积的2/3； （2）加热时要垫在石棉网上，不能干烧； （3）加热腐蚀性液体时，杯口要盖表面皿
烧杯锥形瓶 	（1）规格：以容积（mL）表示，有50，100，250，1000mL等； （2）种类：可分为有塞、无塞；广口、细口和微型等	（1）可作为反应容器，加热时可避免液体反应物大量蒸发； （2）振荡方便，可用于滴定操作	（1）加热时要垫在石棉网上； （2）非标准磨口的锥形瓶要使用原配塞； （3）滴定时所盛溶液不超过其容积的1/3

续表

名称及配图	规格及种类	主要用途	使用注意事项
烧杯碘量瓶 	规格：以容积（mL）表示，有50，100，250，1000mL等	在碘量法滴定中或在其他挥发性物质的滴定分析中作为容器	（1）为防止内容物挥发，瓶塞处用水或KI水溶液密封； （2）可垫石棉网加热，以较低温度加热时要将瓶塞打开
滴管 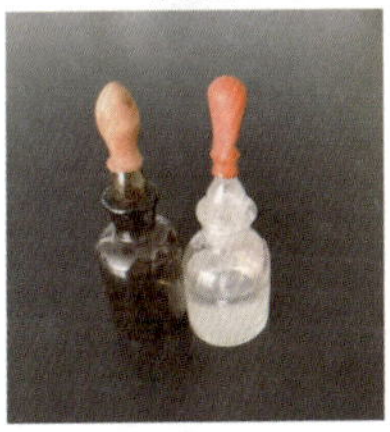	（1）规格：以容积（mL）表示，有30，60，125mL等； （2）种类：可分为无色、棕色两种	盛放液体试剂	（1）棕色滴瓶盛放见光易分解或不稳定的试剂； （2）取用试剂时，滴管要保持垂直，不可接触接收容器内壁，不能插入其他试剂中
离心管 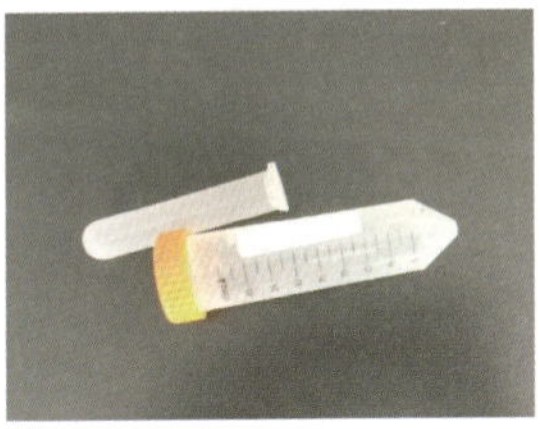	（1）规格：有刻度的以容积（mL）表示；无刻度的用管口直径（mm）×管长（mm）表示，如硬质试管10mm×75mm； （2）种类：可分为普通试管和离心管；也可分为硬质试管和软质试管；普通试管又有翻口、平口、有支管、无支管、有塞、无塞几种	（1）可作为反应容器，便于操作、观察在反应物较少时使用，也可用于少量气体的收集； （2）离心管用于沉淀分离	（1）反应液体不可超过试管容积的1/2，加热时不可超过试管容积的1/3； （2）加热前试管外面要擦干，加热时应用试管夹夹持； （3）加热液体时，管口不要对人，并将试管倾斜与桌面成45°，同时不断振荡，火焰上端不能超过管中液面
称量瓶 	（1）规格：以外径（cm）×高（cm）表示； （2）种类：有扁型、高型两种	（1）扁型称量瓶用于测定水分或在烘箱中烘干基准物； （2）高型称量瓶用于准确称量一定量的固体	（1）使用前应洗净烘干，在冷却后方能用于称量； （2）不用时应洗净，在其磨口处垫一小纸条； （3）严禁直接用手拿取称量瓶
比色管 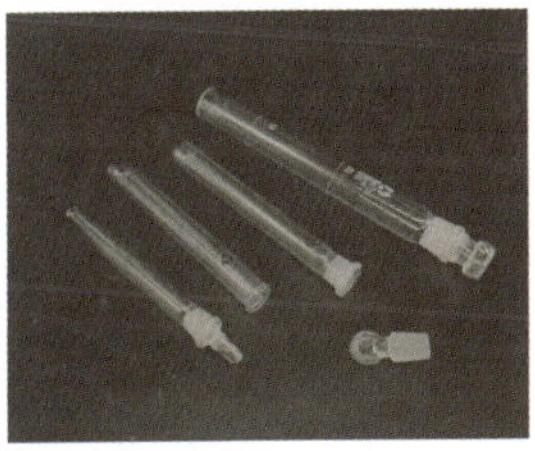	（1）规格：以容积（mL）表示，有5，10，25，50，100mL等； （2）种类：可分为带刻度、不带刻度；无塞和有塞	在目视比色法中，用于比较溶液颜色的深浅	（1）一套比色管应由同一种玻璃制成，且大小、高度、形状应相同； （2）不可用试管刷刷洗，以免划伤内壁； （3）应放在特制的、下面垫有白色瓷板或配有镜子的木架上

续表

名称及配图	规格及种类	主要用途	使用注意事项
量筒、量杯 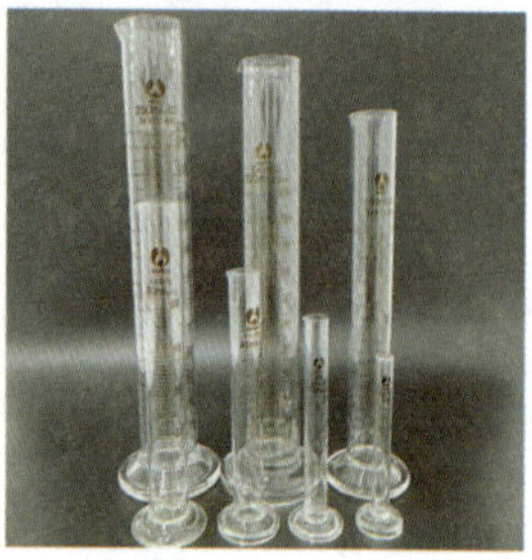	(1)规格：以容积(mL)表示，有5，10，25，50，100，250，500，1000，2000mL等； (2)种类：上口大、下口小的为称量杯，上下大小一样的为称量筒；可分为具塞、无塞等几种	量取一定体积的液体	(1)不能作为反应容器，不能加热，不可量热的液体，不能在烘箱中烘烤； (2)读数时视线应与液面水平，读取与液面最低点相切的刻度
容量瓶 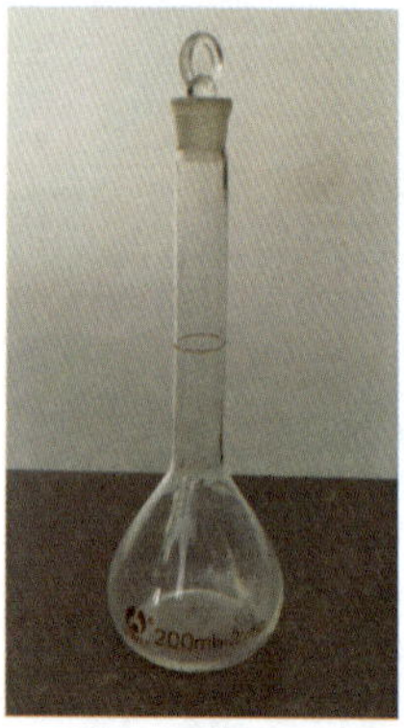	规格：以容积(mL)表示，有5，10，25，50，100，250，500，1000，2000mL等	配制溶液	(1)溶质应在烧杯内全部溶解，然后移入容量瓶； (2)不能加热，不能用毛刷洗刷； (3)不能代替试剂瓶用来存放溶液
表面皿 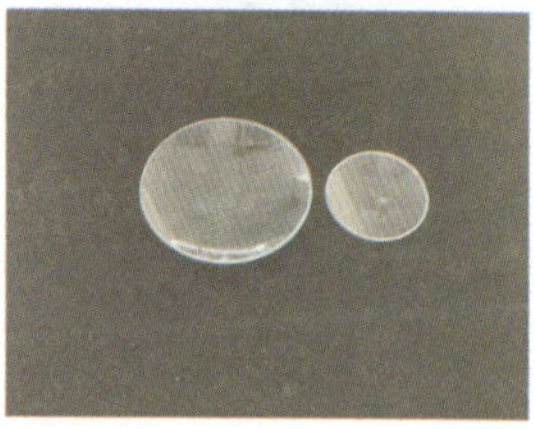	规格：以直径(mm)表示，有45，50，60，70，90，100，120，150mm等	(1)用来盖在蒸发皿、烧杯等容器上，以免容器中溶液溅出或灰尘落入容器； (2)作为称量试剂的容器	(1)不能用火直接加热； (2)作为盖使用时，其直径应比被盖容器略大； (3)用于称量时应洗净烘干
吸量管 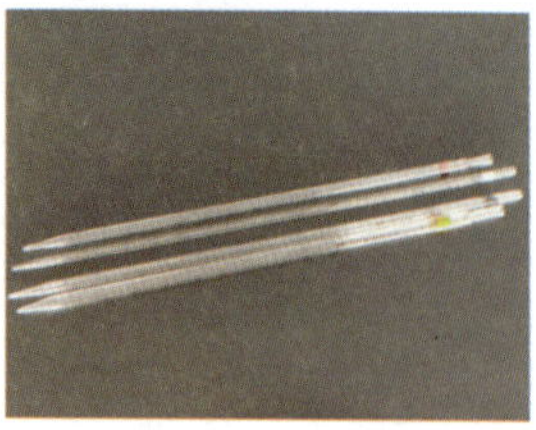	(1)规格：以其所能量度的最大容积(mL)表示； (2)种类：包括分度吸量管和单标线吸量管两种	精确移取一定体积的液体	(1)使用时先用少量移取液润洗三次； (2)普通吸量管在移液时其管中残留的最后一滴液体，不要吹出(完全流出式应吹出)； (3)吸量管用后应立即清洗，置于吸管架(板)上，以免沾污

续表

名称及配图	规格及种类	主要用途	使用注意事项
滴定管 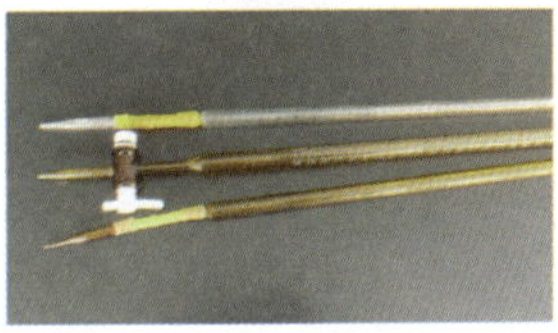	（1）规格：以容积（mL）表示； （2）种类：有酸式滴定管、碱式滴定管和酸碱两用的通用型滴定管；管身颜色为棕色或无色	用于滴定或量取准确体积的液体	不能加热及量取热的液体，不能用毛刷洗涤其内壁
漏斗 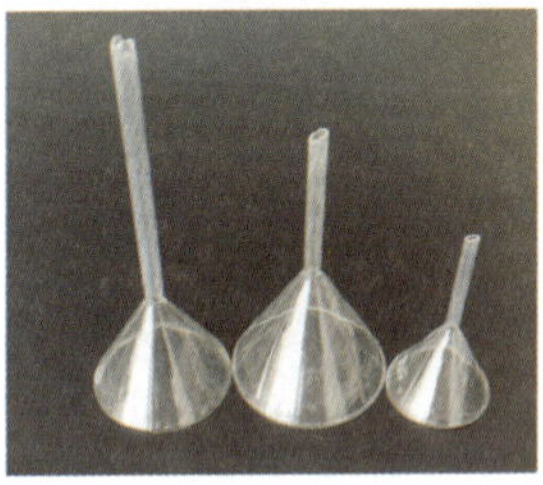	（1）规格：以直径（cm）表示； （2）种类：有短颈、长颈、粗颈、无颈等几种	（1）过滤； （2）引导溶液； （3）粗颈漏斗用于转移固体	（1）不能用火直接灼烧； （2）过滤时，斗颈尖端必须紧靠承接滤液的容器内壁； （3）用长颈漏斗加液时，斗颈应插入液面内
干燥器 	（1）规格：以内径（mm）表示，有150，180，210mm等； （2）种类：分普通干燥器、真空干燥器两种	（1）用于存放物品，以免物品吸收水气； （2）在定量分析中，将灼烧过的坩埚放在其中冷却	（1）灼烧过的物品放入干燥器前，温度不能过高，并在其冷却过程中要每隔一定时间开盖； （2）干燥器内放有干燥剂，干燥剂要按时更换； （3）小心盖子因滑动而被打破
试剂瓶 	（1）规格：以容积（mL）表示，有30，60，125，250，500，1000，2000，10000，20000mL等； （2）种类：有广口瓶、细口瓶两种，又可分为磨口、不磨口；无色、棕色等	（1）广口试剂瓶盛放固体试剂； （2）细口试剂瓶盛放液体试剂和溶液； （3）棕色试剂瓶用于存放见光易分解的试剂	（1）不能直接加热； （2）不能在瓶内配制，会于操作过程中放出大量热量的溶液； （3）有磨口塞的试剂瓶不用时应洗净，并在磨口处垫上纸条； （4）盛放碱液时用橡皮塞，防止瓶塞被腐蚀粘牢

3. 其他常用的器皿

实验室其他常用器皿的规格、主要用途和使用注意事项见表1-2。

表1-2　实验室其他常用器皿的规格、主要用途和使用注意事项

名称及配图	规格及种类	主要用途	使用注意事项
蒸发皿 	（1）规格：以上口直径（mm）表示，有60～150mm等多种； （2）种类：最常用的为瓷制蒸发皿，也有用玻璃、石英、铂等制成的	蒸发浓缩溶液或灼烧固体	（1）能耐高温，但不能骤冷； （2）应使用坩埚钳取放蒸发皿，加热时用三脚架或铁架台固定
坩埚 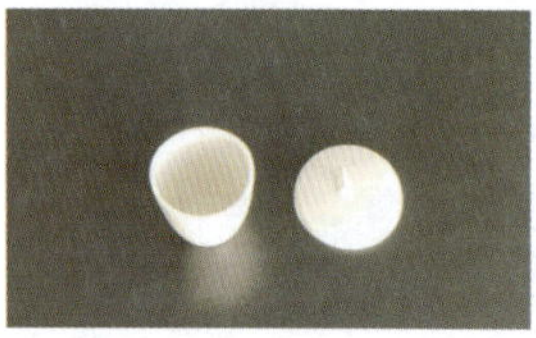	（1）规格：以容量（mL）表示； （2）种类：有瓷制、石墨制、铂制等	熔融或灼烧固体	（1）应根据灼烧物质的性质选用不同材料的坩埚； （2）耐高温，可直接用火加热，但不宜骤冷； （3）铂制坩埚的使用要遵照专门的说明
坩埚钳 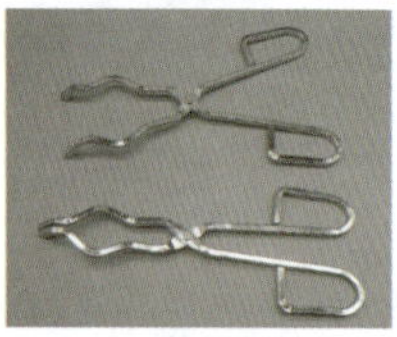	种类：有铁制或铜合金制成的（表面镀铬）	夹取高温下的坩埚或坩埚盖	—
坩埚研钵 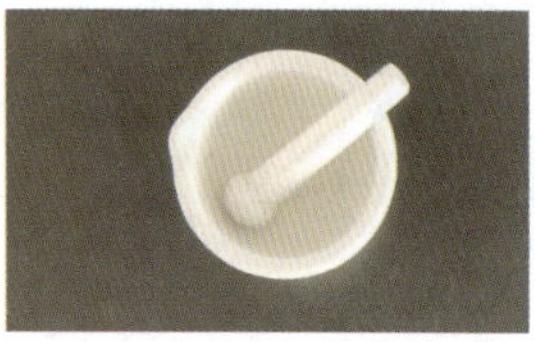	（1）规格：以口径（mm）表示，有70，90，105mm等； （2）种类：有玻璃制、瓷制、铁制、玛瑙制等	混合、研磨固体物质	（1）不能作为反应容器；放入其中的物质体积不超过其容积的1/3； （2）根据物质性质选用不同材料的研钵
坩埚试管架 	种类：有木制、铝制和塑料制等；有大小不同、形状不一的各种规格	盛放试管	—
坩埚吸量管架 	种类：分竖式和横式两种	放置各种规格的吸量管	—

续表

名称及配图	规格及种类	主要用途	使用注意事项
坩埚石棉网 	（1）石棉网由铁丝编成，涂有石棉层； （2）规格：以边长表示，有12.5，15，20，30cm等	盛放受热物使其加热均匀	不能浸水或扭拉，以免损坏石棉层
药匙 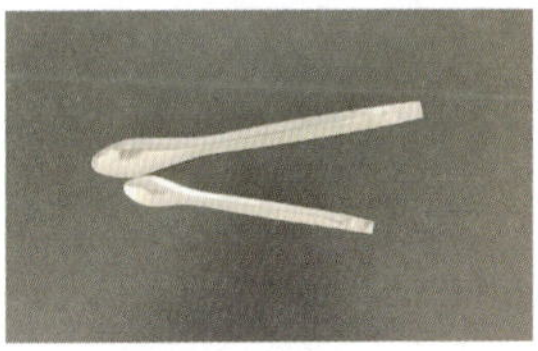	种类：有骨制、塑料制或不锈钢制等	取固体物质	（1）取少量物质时，用小端； （2）每次用完应洗净、擦干
毛刷 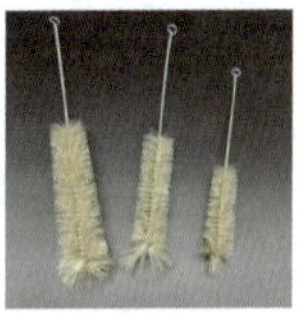	规格：以大小和用途表示，如试管刷、烧杯刷等	洗刷玻璃仪器	毛脱落后不能使用
洗瓶 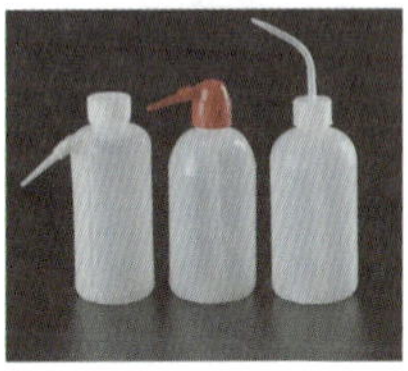	（1）规格：以容积（mL）表示； （2）种类：有玻璃制、塑料制两种	盛装蒸馏水洗涤沉淀物和容器（塑料洗瓶使用方便、卫生）	（1）不能装自来水； （2）塑料洗瓶不能加热
洗耳球 	规格：有30，60，90，120ml等	在实验室内洗耳球主要用于与吸量管配合定量抽取液体；还可以用于把密闭容器里的粉末状物质吹散	要小心不能把液体吸进洗耳球内
铁架台 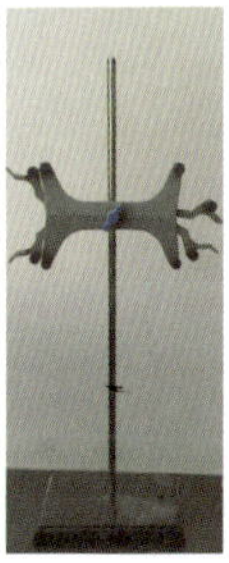	铁架台上滴定管夹的种类：木制或金属制（通常为金属制）	滴定管夹用来夹持滴定管，并将滴定管固定在铁架台上	—

（二）常用玻璃器皿的洗涤

1. 常用的洗涤剂

洗涤玻璃仪器时，应根据实验要求、污物的性质及沾污程度，合理选用洗涤液。洗涤液的使用要考虑其能否有效地除去污染物，且不引进新的干扰物。

（1）水是最普通、最廉价、最方便的洗涤液，可用来洗涤水溶性污物。

（2）洗衣粉、肥皂或合成洗涤剂，去油污能力较强。

（3）油污较重或有其他较难洗涤的污渍时可使用其他洗涤剂。实验室常用洗涤剂的配制方法及其用途和用法见表1-3。

表1-3 常用洗涤剂的配制方法及其用途和用法

洗涤剂名称	配制方法	用途和用法
铬酸洗液	将研细的重铬酸钾20g溶于40mL水中，慢慢加入360mL浓硫酸	可用于去除容器壁残留油污（用少量铬酸洗液刷洗或浸泡一夜），铬酸洗液可重复使用，当其变成墨绿色时即已失效
酸性洗液	（1+1）、（1+2）或（1+9）的盐酸或硝酸溶液（除去Hg、Pb等重金属杂质）	用于除去微量离子和附着的碱性物质及大多数无机物残渣，例如，新购置的玻璃器皿含游离碱较多，一般用2%的盐酸溶液浸泡数小时；可将常法洗净的仪器浸泡于酸性洗液中24h，浸泡后用自来水冲洗干净
碱性洗液	10%NaOH水溶液	用于除去有机物，10%NaOH水溶液加热（可煮沸）使用，去油效果较好，煮的时间不宜太长，否则会腐蚀玻璃
氢氧化钠-乙醇（或异丙醇）洗液	将120g NaOH溶于150mL水中，用95%乙醇稀释至1L	作为一种去污力很强的洗涤剂，可用于洗去油污及某些有机物，但玻璃磨口长期暴露在这种洗液中易被损坏
碱性高锰酸钾洗液	将30g高锰酸钾溶于水，然后加入10gNaOH，用水稀释至100mL	可清洗油污或其他有机物质，洗后容器沾污处有褐色二氧化锰析出，再用浓盐酸或草酸洗液或硫酸亚铁、亚硫酸钠等还原剂去除
酸性草酸或酸性羟胺洗液	称取10g草酸或1g盐酸羟胺，溶于100mL（1+4）盐酸溶液中	洗涤氧化性物质，如洗涤高锰酸钾洗液产生的二氧化锰，可加热使用
硝酸-氢氟酸洗液	将50mL氢氟酸、100mL硝酸和350mL水混合，贮于塑料瓶中盖紧	能有效地去除玻璃、石英器皿表面的金属离子；不可用于洗涤量器、玻璃砂芯滤器、吸收池及光学玻璃零件；使用时要特别注意安全，必须戴防护手套
碘-碘化钾溶液	将1g碘和2g碘化钾溶于水中，用水稀释至100mL	一般用于洗涤用过硝酸银滴定液后留下的黑褐色污物，也可用于擦洗沾过硝酸银的白瓷水槽
有机溶剂	乙醚、丙酮、二甲苯、二氯乙烷等	可洗去油污及溶于该溶剂的有机物质

续表

洗涤剂名称	配制方法	用途和用法
乙醇、浓硝酸	2mL乙醇、4mL浓硝酸加入要洗涤的容器内	用于洗去以一般方法很难洗净的少量残留有机物；洗液要现用现配，不可事先混合，使用时要等反应停止后再用水冲洗，操作应在通风柜中进行，不可塞住容器，应做好防护

2. 玻璃器皿的洗涤方法

（1）新购买的玻璃器皿的洗涤方法　新购买的玻璃仪器表面常附着有游离的碱性物质，可先用洗洁精、肥皂水等洗刷再用自来水洗净，然后浸泡在1%～2%盐酸溶液中过夜（不少于4h），再用自来水冲洗，最后用蒸馏水冲洗2～3次，在80～100℃烘箱内烤干备用。

（2）使用过的玻璃器皿的洗涤方法　一般的玻璃器皿（非计量玻璃仪器，如烧瓶、烧杯等）先用自来水冲洗可溶性物质并用毛刷刷去表面粘附的污物，然后用洗洁精、肥皂水等用毛刷刷洗，再用自来水清洗，最后用蒸馏水冲洗3次（应顺壁冲洗并充分震荡，以提高冲洗效果），直至玻璃仪器内外壁不挂水珠。计量玻璃器皿（如容量瓶、吸量管、滴定管等）也可用洗洁精、肥皂水等洗涤，但不能用毛刷刷洗。如果玻璃器皿表面或内部仍有不能除去的油污应采用铬酸洗液洗涤，然后用自来水清洗，最后用蒸馏水冲洗3次。

（三）玻璃仪器的干燥

实验室中往往需要洁净干燥的玻璃仪器，将玻璃仪器洗涤干净后，要采取合适的方法对玻璃仪器进行干燥，玻璃仪器的干燥一般采取下列几种方法。

1. 晾干

对不急于使用的仪器，可将玻璃器皿放在无尘处倒置自然干燥，也可将其放置在带有透气孔的玻璃柜内。

2. 烘干

将洗净的器皿控去水分，放在电热干燥箱的搁板上，将温度控制在105～110℃烘干；也可将其放在红外灯干燥箱中烘干。带实心玻璃塞的仪器及厚壁仪器在烘干时要慢慢升温并且温度不可过高，以免烘裂，量器不可放于烘箱中烘干。

3. 热（冷）风吹干

将仪器倒置沥去水分，用电吹风的热风或气流烘干玻璃仪器。

4. 快干

用少量乙醇、丙酮（或最后再用乙醚）倒入已除去水分的玻璃器皿中，摇洗后除去溶剂（溶剂要回收），转动仪器使仪器内壁湿润后，倒出混合液（回收），然后晾干或吹干。此法要求通风好，以防操作人员中毒，不可接触明火，以防有机溶剂爆炸。一些不能加热的仪器

（如比色皿等）或急需使用的仪器可用此法干燥。

带有精密刻度的计量容器不能用加热方法干燥，否则会影响仪器的精度，可采用晾干或冷风吹干的方法干燥。

（四）玻璃仪器的保存

玻璃器皿要分门别类存放在实验柜中，以便取用。

1. 称量瓶的保存

称量瓶烘干后放在干燥器中冷却和保存。

2. 吸量管的保存

吸量管洗净后置于防尘的盒中保存。

3. 滴定管的保存

滴定管使用后，倒去其中剩余的溶液，洗净后装满纯水，上盖玻璃短试管或塑料套管，也可倒置夹于滴定管夹上。长期不用的酸式滴定管要除掉凡士林后垫纸，用皮筋拴好活塞保存。

4. 带磨口塞的玻璃器皿的保存

容量瓶在洗净前应用橡皮筋或小线绳把塞和管口拴好，以免打破塞子或互相弄混。需长期保存的带磨口塞的器皿应在塞与磨口之间垫一张纸片，以免二者粘黏。

5. 成套仪器的保存

成套仪器如索氏提取器、气体分析器等用完要立即洗净，放在专门的纸盒里保存。

二、问题探究

1. 哪一类玻璃器皿不能加热？为什么？

量器不能加热，因为加热会影响其计量精度。

2. 洗干净的玻璃仪器用纸或干布擦拭可以吗？为什么？

洗净的玻璃仪器不能用布或纸擦拭，以避免其内壁沾上纤维被再次污染。

三、资源链接

常用器皿的认识与洗涤课件

常用器皿的认识与洗涤配套微课

任务实施

> **提示**
> 在整个任务实施过程中应遵守实验室用水、用电安全操作指南及实验室各项规章制度和玻璃器皿的安全使用规范。

一、选出烧杯、量筒、试管、试剂瓶、锥形瓶、碘量瓶

烧杯	量筒	试管
	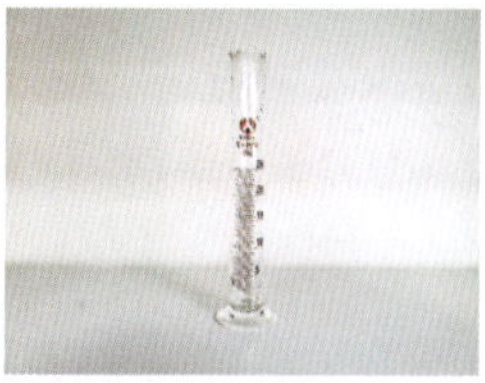	
试剂瓶	锥形瓶	碘量瓶

二、玻璃仪器的洗涤（以洗涤烧杯为例）

1．实验准备

配图	试剂与设备	配图	试剂与设备
	烧杯		铬酸洗液
	毛刷		洗洁精

2. 玻璃仪器的洗涤

配图	操作步骤	操作说明
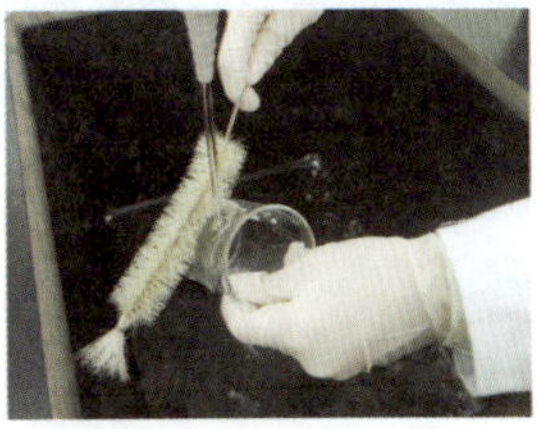	(1)用自来水清洗：首先用自来水冲洗可溶性物质，并用毛刷刷去表面粘附的污物	洗涤量器时不能用试管刷刷洗内壁
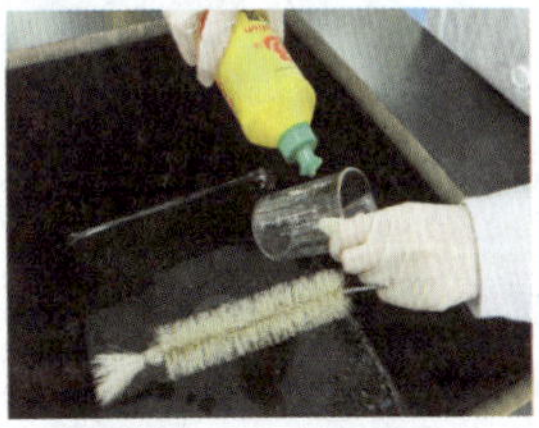	(2)用合成洗涤剂清洗：用毛刷沾取少量洗洁精或合成洗涤剂，刷洗烧杯内外壁	用自来水无法洗净时再用洗洁精或合成洗涤剂等清洗
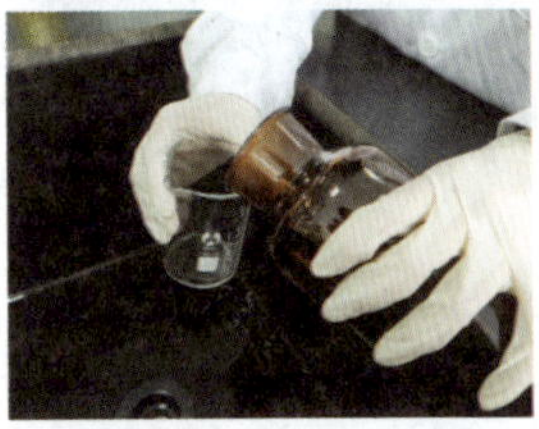	(3)用铬酸洗液洗涤：向烧杯中倒入少量洗液，转几圈使仪器内壁全部润湿，可静置片刻	对于用洗洁精或合成洗涤剂等仍不能除去的污物，应采用其他洗涤剂洗涤
	(4)将洗液倒回洗液瓶中	铬酸洗液可重复使用，当其变成墨绿色时即已失效，不可再用
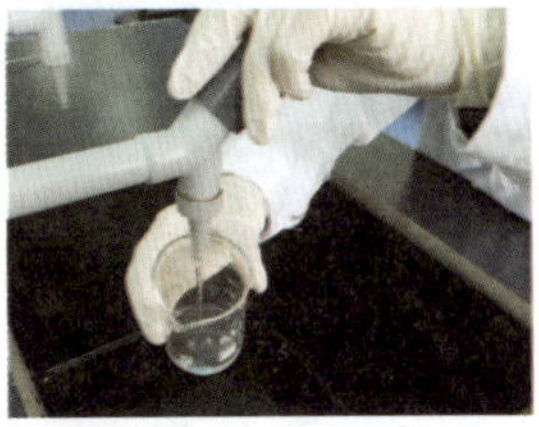	(5)用自来水冲洗	洗净的仪器内外壁应不挂水珠
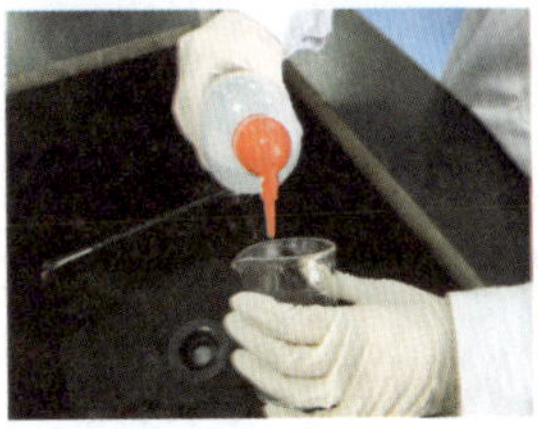	(6)用蒸馏水淋洗	此时仪器的内外壁应不挂水珠

评价反馈

“常用器皿的认识与洗涤”考核评价表

学生姓名:____________　　班级:____________　　日期:____________

<table>
<tr><th>评价方式</th><th colspan="2">考核项目</th><th>评价项目</th><th>评价要求</th><th>不合格</th><th>合格</th><th>良</th><th>优</th></tr>
<tr><td rowspan="4">自我评价（10%）</td><td colspan="2" rowspan="2">相关知识</td><td>了解实验室常用器皿的名称、规格、种类、主要用途及使用注意事项及玻璃器皿的干燥、保存方法</td><td>相关知识输出正确（1分）</td><td rowspan="2">0</td><td rowspan="2">1</td><td rowspan="2">—</td><td rowspan="2">2</td></tr>
<tr><td>掌握常用玻璃器皿的洗涤方法及洗净标准</td><td>能正确描述洗涤过程（1分）</td></tr>
<tr><td colspan="2" rowspan="2">实验准备</td><td>能正确选出所需器皿</td><td>正确选出（4分）</td><td rowspan="2">0</td><td rowspan="2">4</td><td rowspan="2">—</td><td rowspan="2">8</td></tr>
<tr><td>能正确准备洗涤用具</td><td>准备正确（4分）</td></tr>
<tr><td rowspan="2">学生互评（20%）</td><td colspan="2" rowspan="2">操作技能</td><td>能洗净器皿</td><td>操作过程规范熟练（15分）</td><td>0</td><td>5</td><td>10</td><td>15</td></tr>
<tr><td>能按照操作规范进行玻璃器皿的洗涤</td><td>洗净玻璃仪器器壁不挂水珠（5分）</td><td>0</td><td>2</td><td>4</td><td>5</td></tr>
<tr><td rowspan="6">教师学业评价（70%）</td><td>课前</td><td>通用能力</td><td>课前预习任务</td><td>课前任务完成认真（5分）</td><td>0</td><td>2</td><td>4</td><td>5</td></tr>
<tr><td rowspan="5">课中</td><td rowspan="5">专业能力</td><td rowspan="5">实际操作能力</td><td>能正确说出实验室常见器皿的名称、规格、用途、使用注意事项（10分）</td><td>0</td><td>3</td><td>6</td><td>10</td></tr>
<tr><td>正确选出实验要求的6种器皿（10分）</td><td>0</td><td>3</td><td>6</td><td>10</td></tr>
<tr><td>能正确选择洗涤剂（5分）</td><td>0</td><td>3</td><td>6</td><td>10</td></tr>
<tr><td>能按照操作规范进行烧杯的洗涤（10分）</td><td>0</td><td>1</td><td>3</td><td>5</td></tr>
<tr><td>洗涤完成的烧杯不挂水珠（5分）</td><td>0</td><td>1</td><td>3</td><td>5</td></tr>
</table>

续表

<table>
<tr><th>评价方式</th><th colspan="2">考核项目</th><th>评价项目</th><th>评价要求</th><th>不合格</th><th>合格</th><th>良</th><th>优</th></tr>
<tr><td rowspan="4">教师学业评价（70%）</td><td rowspan="3">课中</td><td rowspan="3">工作素养</td><td>发现并解决问题的能力</td><td>善于发现并解决实验过程中的问题（5分）</td><td rowspan="3">0</td><td rowspan="3">5</td><td rowspan="3">10</td><td rowspan="3">15</td></tr>
<tr><td>时间管理能力</td><td>合理安排时间，严格遵守时间安排（5分）</td></tr>
<tr><td>遵守实验室安全规范</td><td>（玻璃器皿使用和洗涤过程）符合安全规范操作（5分）</td></tr>
<tr><td>课后</td><td>技能拓展</td><td>锥形瓶的洗涤</td><td>正确规范完成（10分）</td><td>0</td><td>5</td><td>—</td><td>10</td></tr>
<tr><td colspan="5">总分</td><td colspan="4"></td></tr>
</table>

注：①每个评分项目里，如出现安全问题则为0分；
②本表与附录2《职业素养考核评价表》配合使用。

学习心得

拓展训练

- 完成锥形瓶的洗涤，绘制相关操作流程小报并录制视频。
（提示：利用互联网、国家标准、微课等。）
- 拓展所学任务，线上查找相关知识，加深对相关知识的学习。
（例如，中国大学MOOC https://www.icourse163.org/；智慧职教 https://www.icve.com.cn等。）

巩固反馈

1. 玻璃仪器分为哪几类？

2. 洗涤玻璃仪器的一般步骤是什么？常用的洗涤剂有哪几种？

3. 玻璃仪器洗干净的标志是什么？

4. 学生课后总结所学内容，与老师和同学进行交流讨论并完成本任务的教学反馈。

任务2　吸量管的使用

学习目标

知识目标

1. 了解吸量管的种类、相关术语及不同规格吸量管的主要用途。
2. 掌握吸量管的选择方法。

技能目标

1. 能够熟练使用吸量管进行移液操作。
2. 能准确转移一定体积的液体。

素养目标

1. 通过学习使用吸量管，培养学生做事耐心、细心的工作作风及脚踏实地专注做事的精神。
2. 通过任务检测过程，引导学生规范化操作程序，养成认真的工作态度。
3. 能够按现场7S及相关标准，整理实验台面，保持实验过程清洁，培养学生整洁、干净的职业素养。

任务描述

在食品检测中，常常需要使用吸量管准确移取一定体积的溶液进行实验。在具体实验操作中，要根据所移溶液的体积和要求选择不同的吸量管。我们将按照如图1-3所示的环节完成学习任务。

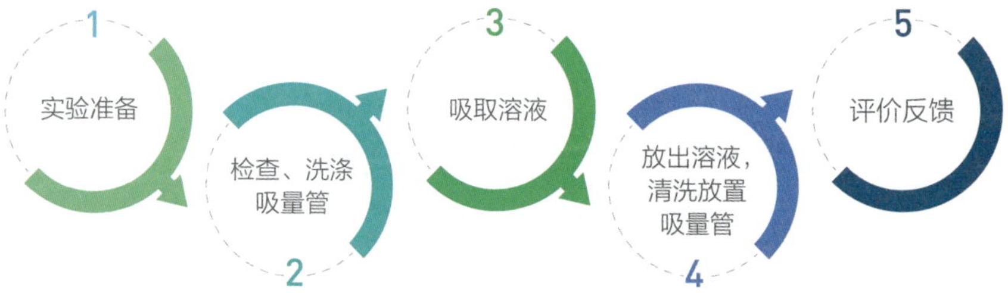

图1-3 “任务2　吸量管的使用”实施环节

任务要求

1. 掌握吸量管的分类、规格、用途。
2. 能正确使用吸量管。

课前准备

一、学习资源准备

通过网络获取国家标准，吸量管的使用必须符合GB/T 12808—2015《实验室玻璃仪器　单标线吸量管》的要求及JJG 196—2006《常用玻璃量器检定规程》、GB/T 8170—2008《数值修约规则与极限数值的表示和判定》等相关资料。

二、完成预习任务

1．阅读学习相关资源，归纳使用吸量管的相关知识。

2．绘制操作流程小报并初拟实验方案。

3．完成老师发布的预习小测验等相关预习任务，手机扫码完成课前测试。

吸量管的使用
课前测试

三、完成课前讨论

1．完成《学情分析表》（附录1）。

2．在线提出预习中存在的问题，并进行相关讨论。

思政园地

业精于勤，荒于嬉；行成于思，毁于随。

理想的实现要靠艰苦奋斗，需要养成耐心细致的工作作风。

知识链接

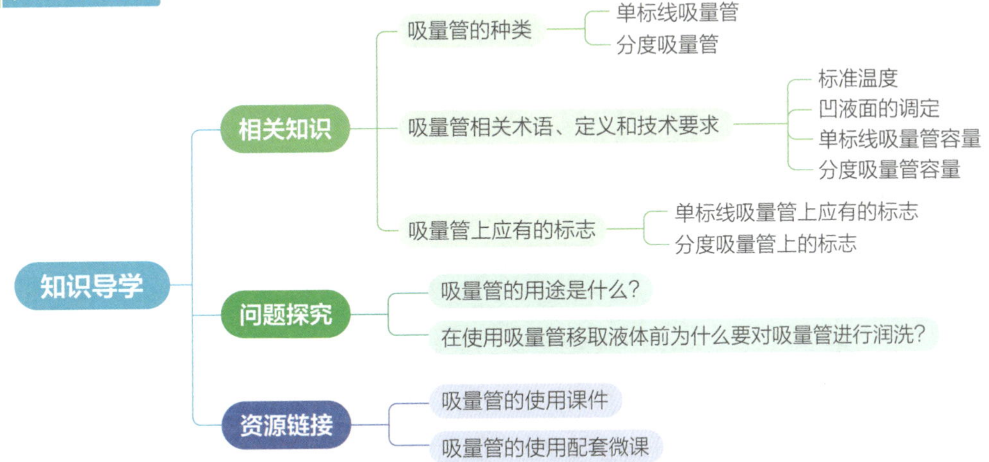

图1-4　“吸量管的使用”知识思维导图

一、相关知识

（一）吸量管的种类

吸量管是实验室中最常用的玻璃仪器之一，主要作用是准确移取一定体积的液体，容量单位是cm^3或mL，标准温度是20℃，按准确度等级可分为A级和B级，其中A级为较高级，B级为较低级。实验结果的准确度与吸量管的正确使用密切相关，其主要分为两大类：单标线吸量管和分度吸量管。

1. 单标线吸量管

单标线吸量管也称移液管，由吸管、贮液泡和流液管组成，供准确量取5，10，25mL等较多体积液体使用，每根吸量管只有一个刻度。单标线吸量管常用规格为1，2，3，5，10，15，20，25，50，100mL。放出液体流毕后，将吸量管管尖在容器内壁停留15s，同时注意不要吹出尖端内的残留液体。单标线吸量管（5mL和10mL）的使用必须符合GB/T 12808—2015《实验室玻璃仪器　单标线吸量管》的要求。

2. 分度吸量管

分度吸量管是具有分度线的玻璃管，每根吸量管上都有许多等分刻度，用于准确移取所需体积的液体，按其规格不同可分为：不完全流出式吸量管、完全流出式吸量管、规定等待时间为15s的吸量管及吹出式吸量管，如表1-4所示。

表1-4　吸量管的规格

种类	级别	规格/mL
不完全流出式吸量管	A级	1，2，5，10，25，50
	B级	0.1，0.2，0.25，0.5，1，2，5，10，25，50
完全流出式吸量管	A级、B级	1，2，5，10，25，50
规定等待时间为15s的吸量管	A级	0.5，1，2，5，10，25，50
吹出式吸量管	—	0.1，0.2，0.25，0.5，1，2，5，10

（二）吸量管相关术语、定义和技术要求

1. 标准温度

标准温度即用来量入或量出其标称量容积（容量）的液体时的温度，通常为20℃。

2. 凹液面的调定

凹液面的最低点与某分度线所在的水平面相切，读数时视线应与该分度线在同一水平面上。

3. 单标线吸量管容量

单标线吸量管的容量为，在20℃时，充满到刻度线的20℃的水的体积，单位为mL。

4. 分度吸量管容量

（1）不完全流出式吸量管任意一分度线相应的容量定义　在20℃时，从零线排放到某分度线时所流出的、以mL为单位的20℃的水的体积。在分度线上的凹液面最后调定之前，液体应自由流下，不允许有液滴粘附在管壁上。

（2）完全流出式吸量管任意一分度线相应的容量定义　在20℃时，从某分度线到流液口时所流出的以mL为单位的20℃水的体积。液体应自由流下，直至确定液面已到流液口静止后，再将吸量管脱离接收容器（指零点在下），或者从零线排放到该分度线或放到吸量管流液口的以mL为单位的20℃水的体积。在分度线上的凹液面最后调定之前，液体应自由流下，不允许有液滴粘附在管壁上（指零点在上）。

（3）规定等待时间为15s的吸量管任意一分度线相应的容量定义　在20℃时，从零线排放到某分度线所流出的、以mL为单位的20℃水的体积。当凹液面高出分度线几毫米时水流被截住，等待15s，调至该分度线。在总容量排至流液口的情况下，水流不应该受限制，而且在吸量管从接收容器中被移走以前，应等待15s。

（4）吹出式分度吸量管的任意一分度线相应的容量定义　在20℃时，从该分度线排放到流液口所流出的（指零点在下）或从零线排放到该分度线所流出的（指零点在上）以mL为单位的20℃水的体积。液体应不受限制地流下，直到确定其凹液面到达并停留在流液口为止，对于吹出式吸量管为了保证液体完全流出，应吹出最后一滴液，再将吸量管从接收容器中移走。

（三）吸量管上应有的标志

1. 单标线吸量管上应有的标志

（1）生产厂商标。

（2）标准温度“20℃”。

（3）标称容量数字及容量单位“mL”。

（4）级别符号“A”级或“B”级。

（5）量出式符号“Ex”。

2. 分度吸量管上的标志

（1）生产厂商标。

（2）标准温度“20℃”。

（3）标称容量数字及容量单位“mL”。

（4）级别符号“A”级或“B”级。

（5）量出式符号“吹”或“Blow-Out”。

（6）如果规定有等待时间，应标上“15s”。

二、问题探究

1. 吸量管的用途是什么?

吸量管是实验室中最常用的玻璃仪器之一，主要用来准确移取一定体积的液体。

2. 在使用吸量管移取液体前为什么要对吸量管进行润洗?

润洗吸量管是为保证移取溶液时溶液浓度保持不变，润洗可以使移取溶液置换吸量管内壁的水分，防止吸量管内的水分和其他杂质影响移取溶液的浓度。

三、资源链接

吸量管的使用
课件

吸量管的使用
配套微课

提示

在整个任务实施过程中应遵守实验室用水、用电安全操作指南及实验室各项规章制度和玻璃器皿的安全使用规范。

任务实施

一、实验准备

配图	仪器与用具	操作说明
	吸量管架、单标线吸量管、锥形瓶、洗耳球、小烧杯等	选择适合本实验规格的吸量管

二、实施操作

1. 检查吸量管

配图	操作步骤	操作说明
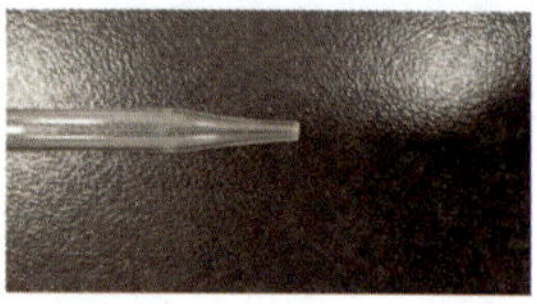	（1）检查流液口：上管口是否平整，流液口有没有破损	（1）吸量管管口和尖嘴应完好无损； （2）单标线吸量管的流液口应制成一平滑而减缩的锥形流液口，流液口的内径不应有能引起液体紊流的突变收缩

配图	操作步骤	操作说明
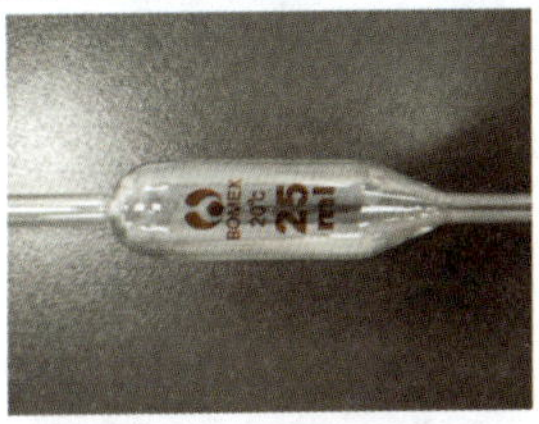	（2）检查贮液泡及主要标志，是否有商标、标准温度、标称容量数字及单位、吸量管级别及规定等待时间等	单标线吸量管贮液泡应呈圆柱形，按需要也可以是椭圆形，贮液泡、吸管和流液管相接，接口为锥形以利于贮放液体
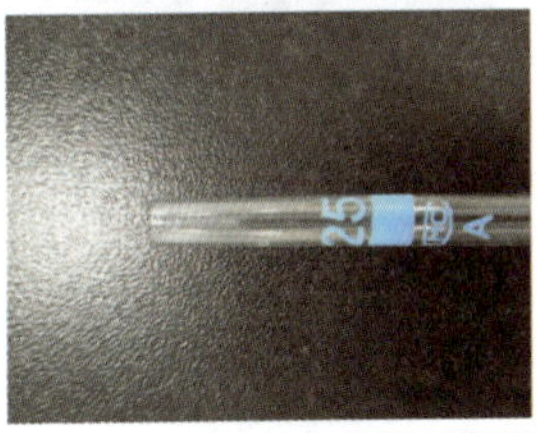	（3）检查单标线吸量管顶部	单标线吸量管顶部平面应平整光滑，不应有影响精准调定凹液面的缺陷

2. 洗涤吸量管

配图	操作步骤	操作说明
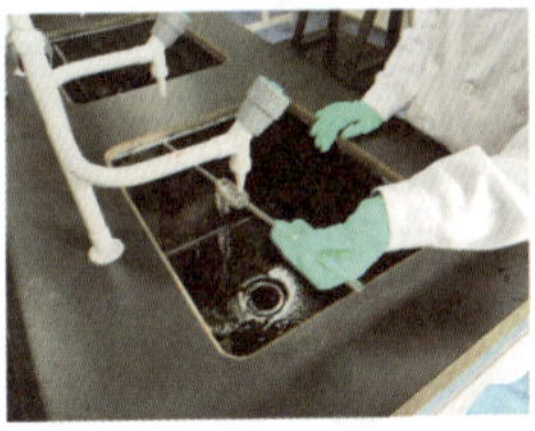	（1）吸量管不太脏时，用自来水冲洗； （2）当用水洗不干净时，可用洗涤剂洗涤，再用自来水洗涤至不挂水珠	用水洗涤后需用蒸馏水淋洗3次以上
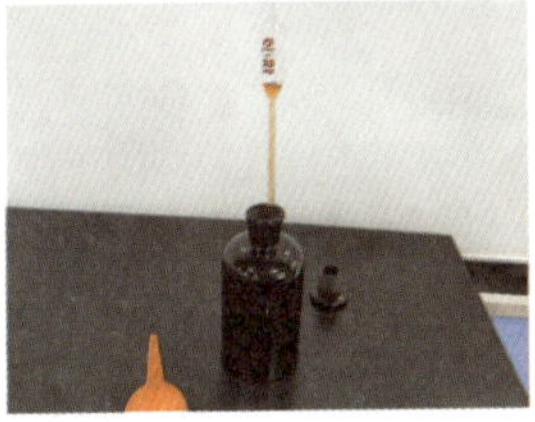	（3）如吸量管油污比较严重，可用洗液洗涤，用吸量管吸入1/3容积的铬酸洗液，平放并转动吸量管，使洗液润洗吸量管内壁，洗毕将洗液放回原瓶，稍后用自来水冲洗，再用去离子水清洗2～3次备用	（1）铬酸洗液可重复使用，失效的铬酸洗液为绿色； （2）洗净的吸量管内外壁不应挂水珠

3. 吸取溶液

配图	操作步骤	操作说明
	（1）洗净后的吸量管，在使用前须用吸水纸吸净尖端内外的残留水	（1）吸量管（移液管）不能移取太热或太冷的溶液； （2）同一实验中应尽可能使用同一支吸量管

配图	操作步骤	操作说明
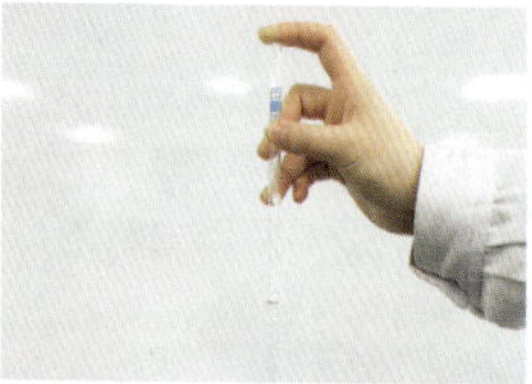	（2）润洗吸量管： ①将吸量管插入小烧杯中吸取溶液至吸量管容量的1/3时，立即用右手食指按住管口，取出吸量管	置换吸量管内壁的水分，确保移取溶液的浓度不变
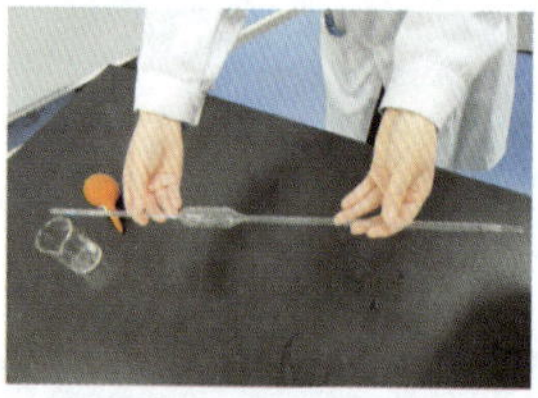	②用两手的拇指及食指分别拿住吸量管两端，横持并转动吸量管，使溶液流遍全管内壁	手勿触碰到吸量管下端溶液
	③将溶液从下端尖口处排入废液杯内，如此反复操作3～4次，完成润洗操作	吸出的溶液请勿放回原瓶
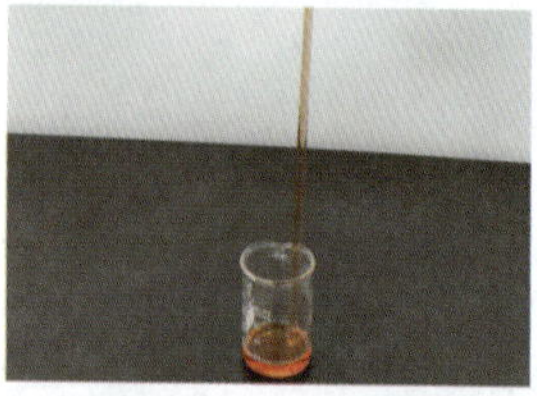	（3）吸取溶液： ①右手的拇指与中指拿住润洗好的吸量管的标线以上部分（无名指和小指依次靠拢中指），将润洗好的吸量管插入待取溶液的液面下1～2cm处	吸量管插入待取溶液中不能太浅以免吸入空气，也不能太深以免吸起溶液中的残渣及使管外壁粘带溶液过多
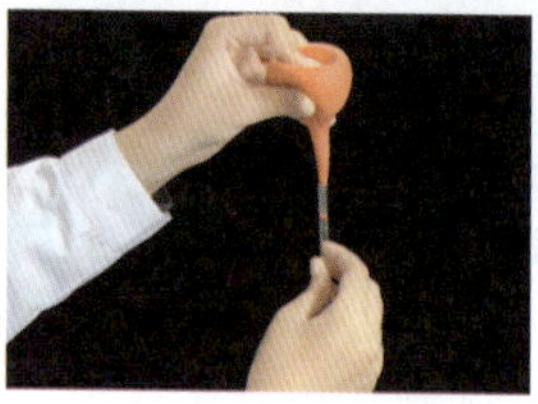	②左手拿起洗耳球，排出洗耳球内的空气，将洗耳球尖端插入吸量管上端，并封紧吸量管口，逐步松开洗耳球，以吸取溶液	在使用吸量管时，为了减少测量误差，每次都应以最上面的刻度（零刻度）为起始点，放出所需体积的溶液
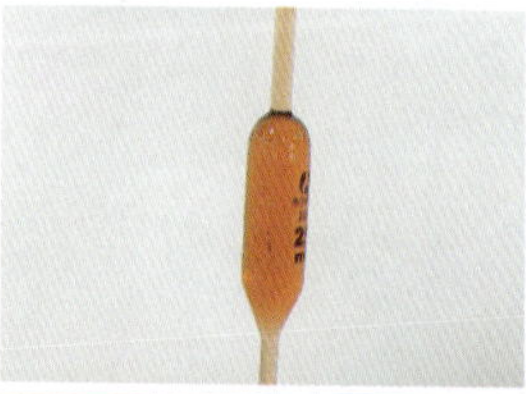	③当液面上升至标线以上时，移开洗耳球，立即用右手食指堵上管口	如移开洗耳球后，吸取溶液下落至标线下，应重新吸取
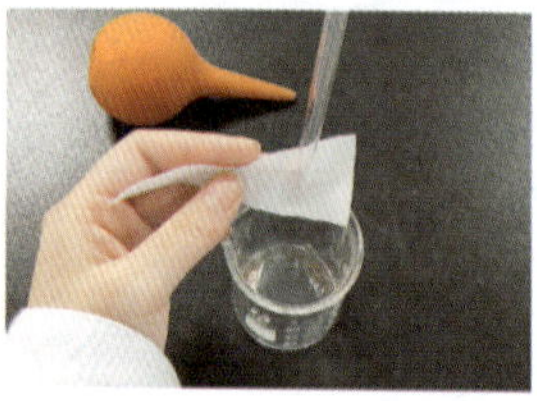	④将吸量管提出待吸液，使吸量管保持垂直，管尖抵在烧杯内壁上，约15s后，用滤纸擦干吸量管下端粘带的少量溶液	操作过程中吸量管保持垂直

4. 调节液面

配图	操作步骤	操作说明
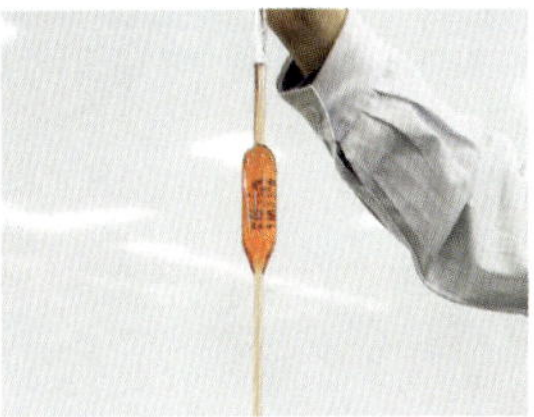	（1）将吸量管管尖紧靠烧杯内壁，左手拿烧杯并使其倾斜30°，使吸量管保持垂直，刻度线和视线保持水平	—
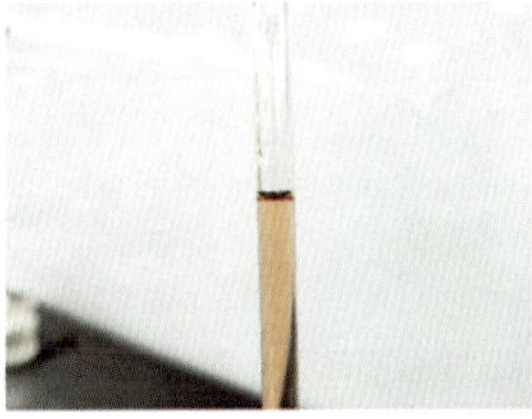	（2）然后微微松动食指，并用拇指和中指慢慢转动吸量管，使溶液缓慢下降至溶液的凹液面与标线相切处	—
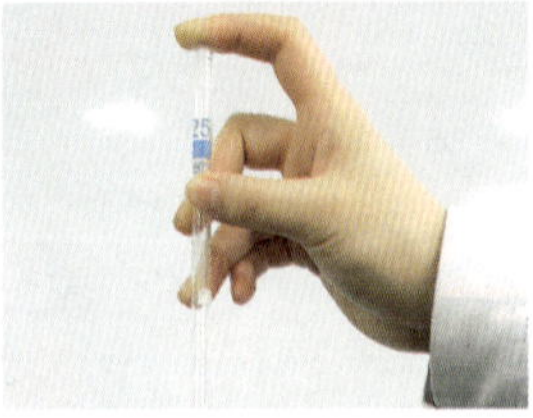	（3）此时，应用食指按紧管口，使液体不再流出，小心把吸量管移入接收溶液的容器中，使吸量管的下端与容器内壁上端接触	用于盛放溶液的接收器在实验前应清洗干净并干燥

5. 放出溶液

配图	操作步骤	操作说明
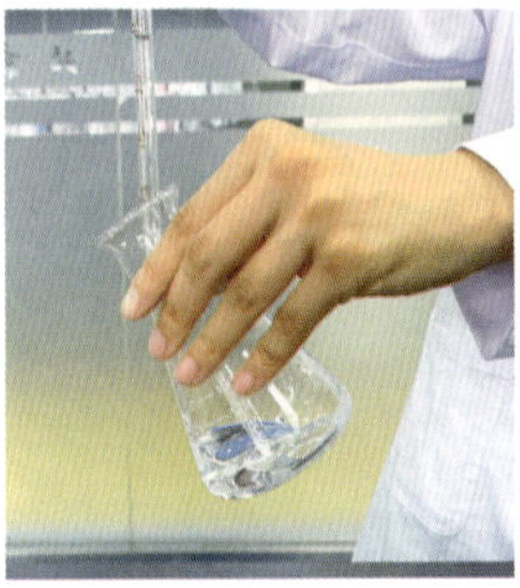	（1）将吸量管直立，使接收器倾斜30°，管下端紧靠接收器内壁，松开食指，让溶液自由流下	—
	（2）当管内溶液流尽后，再停15s，并将吸量管向左右转动一下（或前后小距离滑动几下），取出吸量管	（除标有“吹”字样吸量管外）不要把残留在管尖端的液体吹出，因在校准吸量管容积时，没有算上这部分液体

6. 清洗放置

配图	操作步骤	操作说明
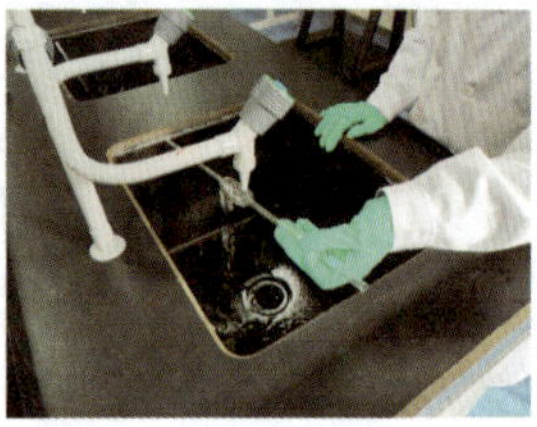	清洗吸量管：用洗涤吸量管的步骤清洗吸量管	洗净的吸量管不可在烘箱中烘干
	放置吸量管：将清洗干净的吸量管置于干净的吸量管架上备用	吸量管使用完毕后应放置在吸量管架上，防止被污染

评价反馈

“吸量管的使用”考核评价表

学生姓名:__________　　班级:__________　　日期:__________

评价方式	考核项目	评价项目	评价要求	不合格	合格	良	优
自我评价（10%）	相关知识	了解吸量管相关知识	相关知识输出正确（2分）	0	4	—	6
		掌握吸量管的使用方法	能利用相关知识，完成相关步骤（4分）	0	4	—	6
	实验准备	能正确准备仪器	仪器准备正确（4分）	0	2	—	4
学生互评（20%）	操作技能	能熟练进行吸量管操作	实验过程操作规范熟练（15分）	0	5	10	15
		能正确、规范记录结果并进行数据处理	原始数据记录准确、处理数据正确（5分）	0	2	4	5

续表

评价方式	考核项目		评价项目	评价要求	不合格	合格	良	优
教师学业评价（70%）	课前	通用能力	课前预习任务	课前任务完成认真（5分）	0	2	4	5
	课中	专业能力	实际操作能力	能正确解读国家标准，检测吸量管（10分）	0	3	6	10
				洗涤吸量管操作规范（10分）	0	3	6	10
				规范进行取液操作（10分）	0	3	6	10
				小组团结合作，操作规范（5分）	0	1	3	5
				结果记录真实，字迹工整，报告规范（5分）	0	1	3	5
		工作素养	发现并解决问题的能力	善于发现并解决实验过程中的问题（5分）				
			时间管理能力	合理安排时间，严格遵守时间安排（5分）	0	5	10	15
			遵守实验室安全规范	符合安全规范操作（5分）				
	课后	技能拓展	熟练使用吸量管进行取液操作	正确规范完成（10分）	0	5	—	10
总分								

注：①每个评分项目里，如出现安全问题则为0分；
②本表与附录2《职业素养考核评价表》配合使用。

学习心得

拓展训练

- 使用自来水清洗吸量管并用蒸馏水润洗吸量管，分别移取5mL和10mL的蒸馏水，绘制相关操作流程小报并录制视频。
  （提示：利用互联网、国家标准、微课等，操作步骤包括：检查吸量管、洗净吸量管、吸取溶液、调节液面、放出溶液、清洗放置吸量管等。）
- 拓展所学任务，线上查找相关知识，加深对相关知识的学习。
  （例如，中国大学MOOC https://www.icourse163.org/；智慧职教 https://www.icve.com.cn等。）

巩固反馈

1. 如何判断吸量管的质量是否合格？

2. 用吸量管量取液体有何操作注意事项？

3. 放液操作时吸量管是否应垂直？接收容器是否应倾斜？

4. 学生课后总结所学内容，与老师和同学进行交流讨论并完成本任务的教学反馈。

任务 3　容量瓶的使用

学习目标

知识目标

1．了解容量瓶的使用在食品检测中的意义。
2．掌握容量瓶的分类、规格和用途。
3．掌握容量瓶的试漏、洗涤和配制溶液的流程。

技能目标

1．能够独立正确使用容量瓶。
2．能正确转移液体和定容。

素养目标

1．通过对容量瓶容积类型的介绍，培养学生“有容乃大”的大国精神。
2．通过容量瓶使用过程，加强学生自律意识及细致的工作态度。
3．能够按现场7S及相关标准，整理实验台面，保持实验过程清洁，培养学生整洁、干净的职业素养。

任务描述

在进行食品检测时，经常需要配制准确浓度的溶液。为完成配制准确浓度的溶液，或者定量地稀释溶液，需要一种玻璃仪器——容量瓶。容量瓶是配制一定浓度溶液的重要工具，是食品理化检测工作人员必须学会使用的基本仪器之一，容量瓶必须符合GB/T 12806—2011《实验室玻璃仪器　单标线容量瓶》的要求。我们将按照如图1-5所示的环节完成学习任务。

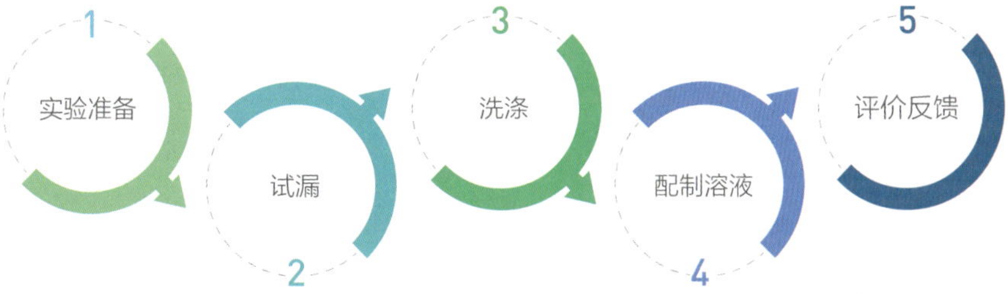

图1-5　“任务3　容量瓶的使用”实施环节

任务要求

1．掌握容量瓶的分类、规格、用途。
2．能正确使用容量瓶。

课前准备

一、学习资源准备

通过网络获取国家标准，容量瓶必须符合GB/T 12806—2011《实验室玻璃仪器　单标线容量瓶》的要求及JJG 196—2006《常用玻璃量器检定规程》、GB/T 602—2002《化学试剂　杂质测定用标准溶液的制备》、GB/T 8170—2008《数值修约规则与极限数值的表示和判定》等相关资料。

二、完成预习任务

1．阅读学习相关资源，归纳使用容量瓶的相关知识。

2．绘制操作流程小报并初拟实验方案。

3．完成老师发布的预习小测验等相关预习任务，手机扫码完成课前测试。

容量瓶的使用
课前测试

三、完成课前讨论

1．完成《学情分析表》(附录1)。

2．在线提出预习中存在的问题，并进行相关讨论。

思政园地

“海纳百川，有容乃大”，中华文明源远流长，博大精深，我们要做中华文明的继承者和传承者。

知识链接

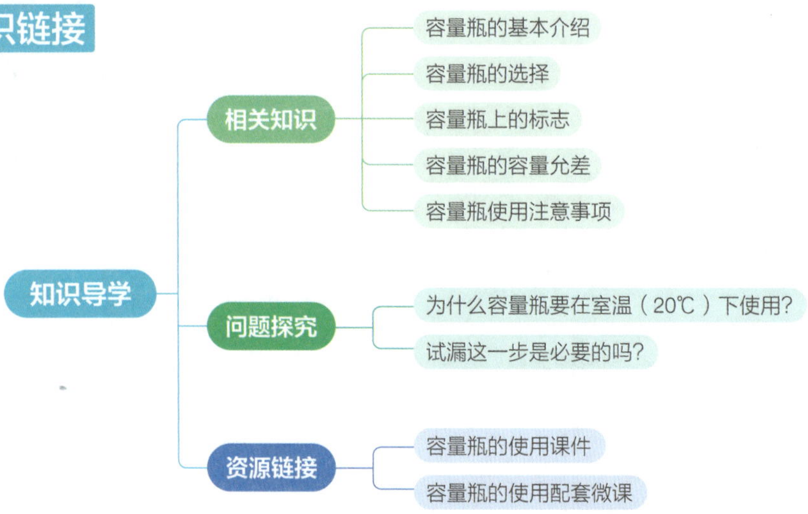

图1-6　“容量瓶的使用”知识思维导图

一、相关知识

（一）容量瓶的基本介绍

容量瓶是一种细颈梨形平底玻璃瓶，带有磨口玻璃塞或塑料塞。其主要用途是配制准确浓度的溶液或定量地稀释溶液的精准仪器。颈上有刻度线，表示在规定温度下（一般为20℃）液体凹液面与容量瓶颈部的标线相切时，瓶内液体的准确体积等于瓶上标示的体积。

（二）容量瓶的选择

按所需体积选择合适规格的容量瓶（图1-7），若配制见光易分解的物质的溶液，应选择棕色容量瓶，一般性的物质则选择无色容量瓶。

容量瓶按准确度等级分为A级和B级，A级为较高级，B级为较低级，容量单位是cm^3，也可以是mL，通常有25，50，100，250，500，1000mL（cm^3）等数种规格。

图1-7　容量瓶

（三）容量瓶上的标志

（1）标称容量。

（2）容量单位符号（cm^3或mL）。

（3）标准温度“20℃”。

（4）量入式符号“In”。

（5）准确度等级符号“A”级或“B”级。

（6）生产厂名或商标。

（7）可互换性塞的尺寸及号别。

（8）非互换性塞、口的编号。

（四）容量瓶的容量允差

根据JJG 196—2006《常用玻璃量器检定规程》中规定，容量瓶的容量允差见表1-5。

表1-5 容量瓶的容量允差

标称容量/mL	10	25	50	100	200	250	500	1000	2000
容量允差/mL									
A级	±0.020	±0.03	±0.05	±0.10	±0.15	±0.15	±0.25	±0.40	±0.60
B级	±0.040	±0.06	±0.10	±0.20	±0.30	±0.30	±0.50	±0.80	±1.20
分度线宽度/mm	≤0.4								

（五）容量瓶使用注意事项

使用容量瓶时应注意以下几点。

（1）检验仪器密闭性：将容量瓶倒转后观察是否漏水，再将瓶塞旋转180°观察是否漏水。

（2）容量瓶不能作为反应容器，不能进行溶质的溶解及加热。

（3）洗涤烧杯的溶剂总量不能超过容量瓶的标线。

（4）容量瓶不能长时间或长期贮存溶液，只能用于配制溶液，因为溶液可能会对瓶体进行腐蚀，从而使容量瓶的精度受到影响。

（5）容量瓶不用时，应在塞子与瓶口之间夹一条纸条，防止瓶塞与瓶口粘连。

二、问题探究

1. 为什么容量瓶要在室温（20℃）下使用?

因为热胀冷缩会导致配制的溶液浓度不准，因此，在配制溶液时一定要将溶液冷却至室温（20℃），再进行溶液的转移。

2. 试漏这一步是必要的吗?

是必要的，一是为了防止配制过程中溶液流出，导致浓度不准确；二是为了防止某些化学物质与空气接触，使整个容量瓶都被污染。

三、资源链接

容量瓶的使用
课件

容量瓶的使用
配套微课

任务实施

> **提示**
> 在整个任务实施过程中应遵守实验室用水、用电安全操作指南及实验室各项规章制度和玻璃器皿的安全使用规范。

一、任务准备

配图	仪器与用具	操作说明
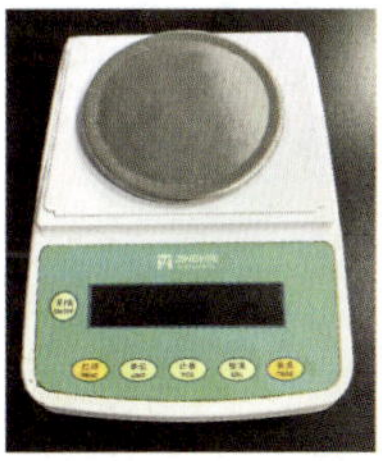	电子天平	称量完毕后，及时取出被称物品，并保持天平清洁
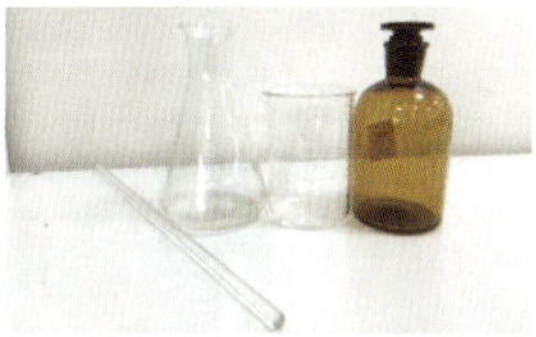	玻璃棒、烧杯、容量瓶	（1）洗涤玻璃仪器应符合要求，否则对分析结果的准确度和精确度均有影响； （2）容量瓶使用时需待溶液降至室温再进行定容

二、实施操作

1. 试剂配制

配图	配制方法	操作说明
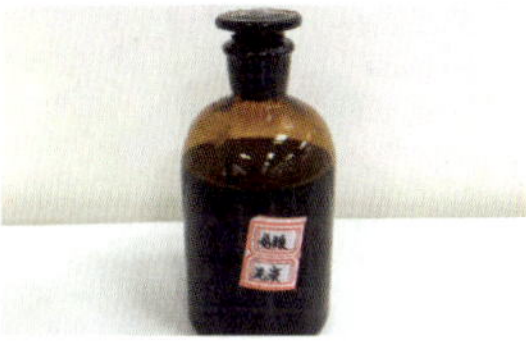	将20g的$K_2Cr_2O_7$，溶于40mL水中，将360mL浓H_2SO_4徐徐加入$K_2Cr_2O_7$溶液中，边倒边用玻璃棒搅拌，并注意溶液不要溅出，混合均匀并冷却后，装入洗液瓶备用	禁止将水或溶液加入浓H_2SO_4中

2. 试漏

配图	操作步骤	操作说明
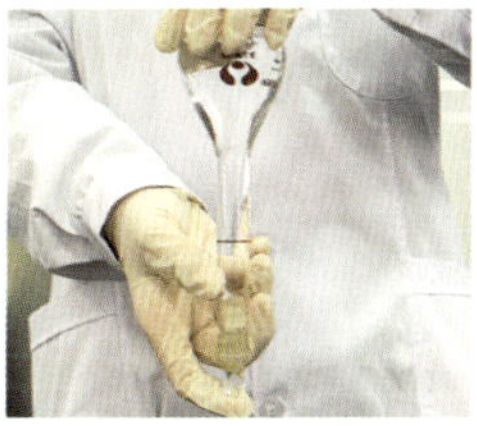	（1）用烧杯向容量瓶内加入自来水，至标线刻度以上1～2cm，盖好瓶塞后，一手用食指按住塞子，其余手指拿住瓶颈标线以上部分，另一手托住瓶底边缘，倒立2min以后正置	盖好瓶塞后，用滤纸擦干瓶口

配图	操作步骤	操作说明
	（2）用干滤纸片沿瓶口缝处检查是否漏水，如不漏水，将容量瓶直立	—
	（3）将瓶塞旋转180°后，重复以上动作	如不漏水，方可使用

3. 洗涤

配图	操作步骤	操作说明
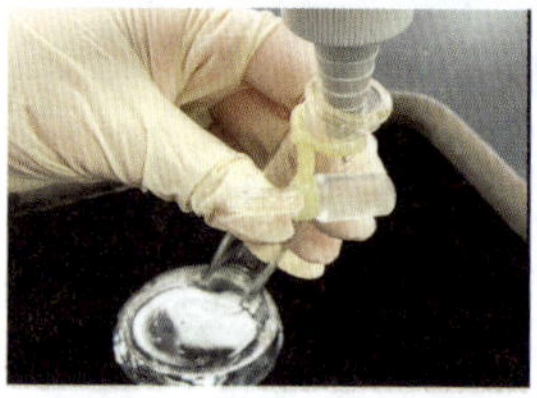	（1）若容量瓶不太脏，用自来水冲洗净，再用少量蒸馏水淋洗3次	若容量瓶外壁不干净，则可用毛刷蘸上去污粉等洗涤剂刷洗
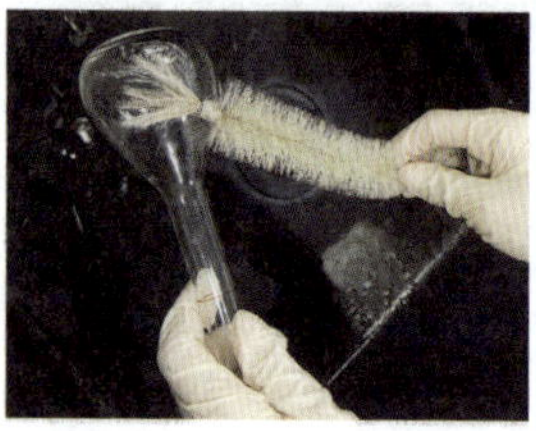	（2）若容量瓶较脏时，将容量瓶中的残留水倒尽，再倒入约为容量瓶体积1/10的铬酸洗液，盖上容量瓶瓶塞，缓缓摇动并颠倒数次，让洗液布满容量瓶内壁，浸泡一段时间； （3）将洗液倒入废液缸，倒出时，边转动容量瓶边倒出洗液，让洗液布满瓶颈，同时用洗液冲洗瓶塞，用自来水将容量瓶冲洗干净，再用蒸馏水润洗2～3次备用	（1）容量瓶不能放进烘箱干燥； （2）取滤纸条夹入其瓶塞与瓶口处，防止粘连

4. 配制溶液

配图	操作步骤	操作说明
	（1）溶质为固体时，在天平上称出所需质量的试剂	溶质为液体时用吸量管移取所需体积的溶液放入容量瓶

配图	操作步骤	操作说明
	（2）加少量蒸馏水溶解，用玻璃棒悬垂搅拌，加速溶解	（1）液面加至烧杯容积的（1/3）~（2/3）处； （2）玻璃棒不要碰触烧杯内壁，若难以溶化可盖上表面皿，稍微加热，待冷却后转移
	（3）用玻璃棒引流，使其悬空深入，下端紧靠瓶颈内壁，烧杯嘴紧靠玻璃棒，使溶液沿玻璃棒缓缓流入容量瓶中； （4）溶液全部转移后，将烧杯稍向上提起，使最后一滴溶液留在烧杯上，同时使烧杯直立，将玻璃棒放回原烧杯，以防止玻璃棒下端的溶液落至瓶外	倒入溶液时不要太快，防止溶液冲至瓶外
	（5）用蒸馏水冲洗烧杯壁及玻璃棒，将溶液转移到容量瓶中，转移操作同步骤（3）和步骤（4），如此操作重复2~3次，保证定量转移	冲洗时平缓旋转冲洗烧杯内壁，同时也要平缓冲洗玻璃棒，避免液体溅出
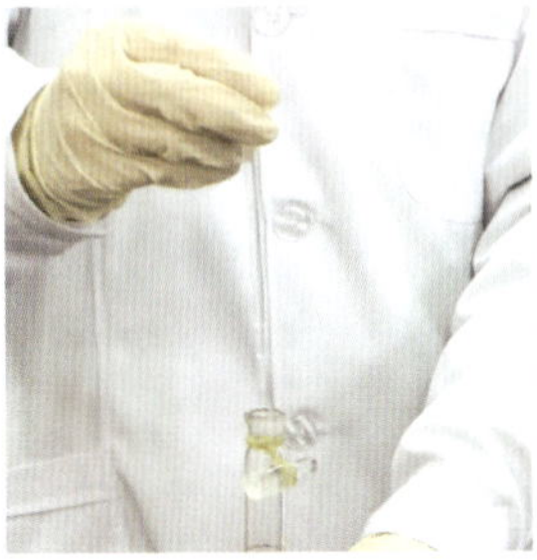	（6）溶液转移入容量瓶后，加蒸馏水至容量瓶容积的3/4处，将容量瓶以水平方向旋摇几周（切勿倒转摇动），使溶液初步混匀； （7）继续向容量瓶中加蒸馏水，到刻度线以下2~3cm处，等1~2min，使粘附在瓶颈内壁的溶液流下，改用滴管逐滴滴加溶液至溶液的凹液面底部与标线相切	（1）加蒸馏水时注意不要沾到刻度线上方管壁； （2）定容时，提起容量瓶，保持视线与刻度线水平
	（8）塞好瓶塞，用左手食指摁住瓶塞，其余四指拿住瓶颈标线以上部分，右手指尖托住瓶底，将容量瓶倒转，使溶液中气泡上升到顶部，同时震荡容量瓶混匀溶液，然后将容量瓶转正，让溶液完全流下，如此反复倒转8~10次以上，使溶液混合均匀	注意不要用手掌握住瓶身，以免体温使容量瓶中液体膨胀，影响体积的准确性
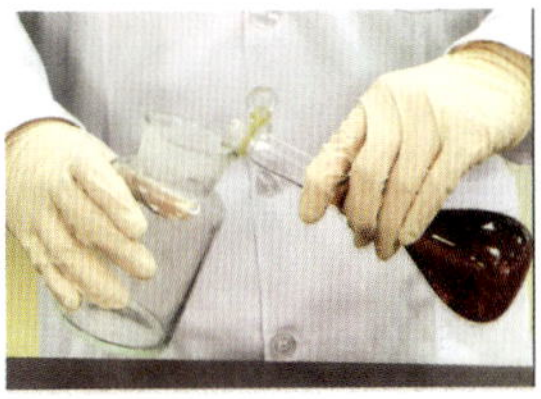	（9）将容量瓶放正，打开瓶塞，将溶液转入试剂瓶，贴好标签，注明溶液的名称和浓度及日期	容量瓶不可用于保存液体，配好的溶液要及时倒入相应的试剂瓶中

评价反馈

“容量瓶的使用”考核评价表

学生姓名：____________　　班级：____________　　日期：____________

<table>
<tr><th>评价方式</th><th colspan="2">考核项目</th><th>评价项目</th><th>评价要求</th><th>不合格</th><th>合格</th><th>良</th><th>优</th></tr>
<tr><td rowspan="4">自我评价（10%）</td><td colspan="2" rowspan="2">相关知识</td><td>了解容量瓶相关知识</td><td>相关知识输出正确（1分）</td><td rowspan="2">0</td><td rowspan="2">1</td><td rowspan="2">—</td><td rowspan="2">2</td></tr>
<tr><td>掌握容量瓶的试漏、洗涤方法</td><td>能利用相关知识，完成相关步骤（1分）</td></tr>
<tr><td colspan="2" rowspan="2">实验准备</td><td>能正确配制实验试剂</td><td>正确配制试剂（4分）</td><td rowspan="2">0</td><td rowspan="2">4</td><td rowspan="2">—</td><td rowspan="2">8</td></tr>
<tr><td>能正确准备仪器</td><td>仪器准备正确（4分）</td></tr>
<tr><td rowspan="2">学生互评（20%）</td><td colspan="2" rowspan="2">操作技能</td><td>能熟练进行容量瓶的使用，（编号、试漏、洗涤、配制溶液等）操作规范</td><td>实验过程操作规范熟练（15分）</td><td>0</td><td>5</td><td>10</td><td>15</td></tr>
<tr><td>能正确、规范记录结果并进行数据处理</td><td>原始数据记录准确、处理数据正确（5分）</td><td>0</td><td>2</td><td>4</td><td>5</td></tr>
<tr><td rowspan="10">教师学业评价（70%）</td><td>课前</td><td>通用能力</td><td>课前预习任务</td><td>课前任务完成认真（5分）</td><td>0</td><td>2</td><td>4</td><td>5</td></tr>
<tr><td rowspan="8">课中</td><td rowspan="5">专业能力</td><td rowspan="5">实际操作能力</td><td>能正确解读国家标准（10分）</td><td>0</td><td>3</td><td>6</td><td>10</td></tr>
<tr><td>洗涤容量瓶操作规范（10分）</td><td>0</td><td>3</td><td>6</td><td>10</td></tr>
<tr><td>配制溶液操作规范（10分）</td><td>0</td><td>3</td><td>6</td><td>10</td></tr>
<tr><td>小组团结合作，操作规范（5分）</td><td>0</td><td>1</td><td>3</td><td>5</td></tr>
<tr><td>结果记录真实，字迹工整，报告规范（5分）</td><td>0</td><td>1</td><td>3</td><td>5</td></tr>
<tr><td rowspan="3">工作素养</td><td>发现并解决问题的能力</td><td>善于发现并解决实验过程中的问题（5分）</td><td rowspan="3">0</td><td rowspan="3">5</td><td rowspan="3">10</td><td rowspan="3">15</td></tr>
<tr><td>时间管理能力</td><td>合理安排时间，严格遵守时间安排（5分）</td></tr>
<tr><td>遵守实验室安全规范</td><td>符合安全规范操作（5分）</td></tr>
<tr><td>课后</td><td>技能拓展</td><td>精确配制一定浓度的溶液</td><td>正确规范完成（10分）</td><td>0</td><td>5</td><td>—</td><td>10</td></tr>
<tr><td colspan="5">总分</td><td colspan="4"></td></tr>
</table>

注：①每个评分项目里，如出现安全问题则为0分；
　　②本表与附录2《职业素养考核评价表》配合使用。

学习心得

拓展训练

- 完成配制0.1mol/L盐酸溶液1000mL，绘制相关操作流程小报并录制视频。（提示：利用互联网、国家标准、微课等。）
- 拓展所学任务，线上查找相关知识，加深对相关知识的学习。（例如，中国大学MOOC https://www.icourse163.org/；智慧职教 https://www.icve.com.cn等。）

巩固反馈

1. 容量瓶上标有：①温度；②浓度；③容量；④压强；⑤刻度线；⑥酸式或碱式这六项中的（　　）。

   A. ③⑤⑥　　B. ①③⑤　　C. ①②④　　D. ②④⑥

2. 将固体溶质在小烧杯中溶解，必要时可加热，溶解后溶液转移到容量瓶中时，下列操作中错误的是（　　）。

   A. 趁热转移

   B. 使玻璃棒下端和容量瓶颈内壁相接触，但不能和瓶口接触

   C. 缓缓使溶液沿玻璃棒和颈内壁全部流入容量瓶内

   D. 用洗瓶小心冲洗玻璃棒和烧杯内壁2～3次，并将洗涤液一并移至容量瓶内

3. 简述容量瓶的操作流程。

4. 学生课后总结所学内容，与老师和同学进行交流讨论并完成本任务的教学反馈。

任务 4　滴定管的使用

学习目标

知识目标

1. 了解滴定管的使用在食品检验实验中的意义。
2. 掌握滴定管的分类、规格及用途。
3. 掌握滴定管试漏、洗涤和配制溶液的流程。

技能目标

1. 能够熟练使用酸式滴定管进行滴定操作。
2. 能够熟练使用碱式滴定管进行滴定操作。

素养目标

1. 通过小组合作学习，树立学生集体意识，培养学生合作能力。
2. 培养学生在检测过程中按照食品安全标准和检验规范对食品进行检验，出具检验数据，具备客观、公正的职业操守。
3. 能够按现场7S及相关标准，整理现场和处理废弃物，使学生养成环保意识、合理处理废弃物意识。

任务描述

实验室现有任务：用0.1mol/L氢氧化钠溶液把滴有酚酞指示剂的邻苯二甲酸氢钾溶液滴定至淡粉色；再用0.1mol/L盐酸溶液将其由淡粉色滴定至无色，并记录所消耗的氢氧化钠和盐酸的体积。完成上述工作需要一种玻璃仪器——滴定管。滴定管是准确放出不确定量的液体的容量仪器，是理化检测工作人员必须学会使用的基本仪器之一。滴定管的使用必须符合GB/T 12805—2011《实验室玻璃仪器　滴定管》的要求。我们将按照如图1-8所示的环节完成学习任务。

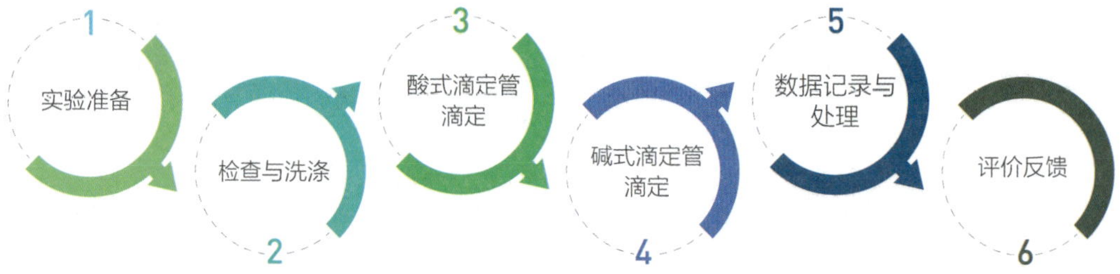

图1-8　“任务4　滴定管的使用”实施环节

任务要求

1．掌握滴定管的用途、结构、规格及滴定管的选择和使用方法。

2．独立完成滴定管的实验任务。

课前准备

一、学习资源准备

通过网络获取GB/T 12805—2011《实验室玻璃仪器　滴定管》及JJG 196—2006《常用玻璃量器检定规程》、GB/T 602—2002《化学试剂　杂质测定用标准溶液的制备》、GB/T 603—2023《化学试剂　试验方法中所用制剂及制品的制备》、GB/T 8170—2008《数值修约规则与极限数值的表示和判定》等相关资料。

二、完成预习任务

1．阅读学习相关资源，归纳滴定管的使用相关知识。

2．绘制操作流程小报并初拟实验方案。

3．完成老师发布的预习小测验等相关预习任务，手机扫码完成课前测试。

滴定管的使用
课前测试

三、完成课前讨论

1．完成《学情分析表》（附录1）。

2．在线提出预习中存在的问题，并进行相关讨论。

思政园地

千人同心，则得千人之力；万人异心，则无一人之用。所以我们要同心同德，发挥集体的力量，创造更大的价值。

知识链接

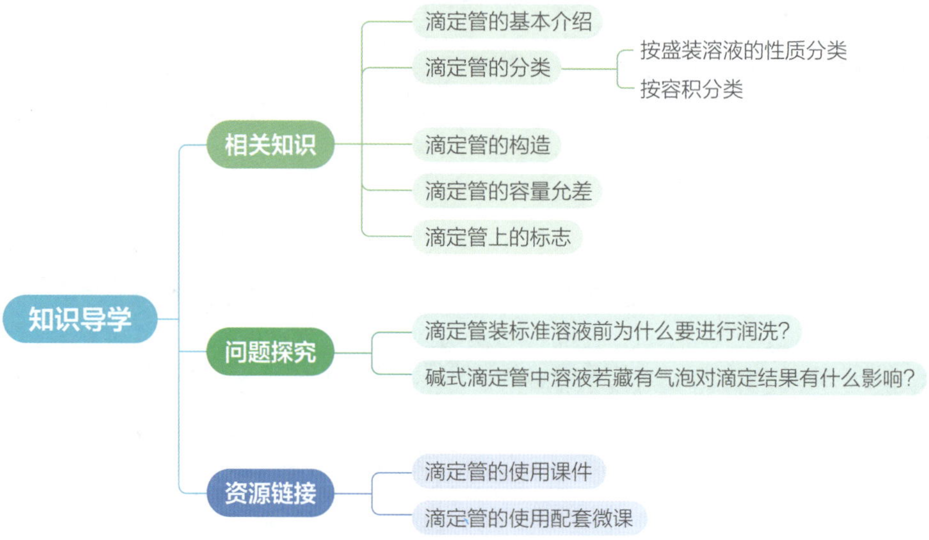

图1-9 “滴定管的使用”知识思维导图

一、相关知识

（一）滴定管的基本介绍

滴定管是用来准确放出无预定量液体的容量仪器，主要用于滴定分析中对滴定溶剂体积的测量，是用细长而均匀的玻璃管制成的，管上有刻度，下端有一尖嘴玻璃管，中间有节门用来控制滴定速度，为量出式（Ex）计量玻璃仪器，常用的是10，25，50mL容量的滴定管，其最小分度值为 0.1mL，精确度是百分之一，即可精确到0.01mL。

（二）滴定管的分类

1. 按盛装溶液的性质分类

按盛装溶液的性质滴定管主要分为碱式滴定管和酸式滴定管。

（1）碱式滴定管　碱式滴定管的刻度管与下端尖嘴玻璃管用橡胶管连接，橡皮管内装有一个玻璃珠，也称无塞滴定管（图1-10），碱式滴定管用于盛装碱性和有氧化性的溶液，不宜盛装对橡皮管有腐蚀性的溶液，如碘、高锰酸钾和硝酸银等。

（2）酸式滴定管　酸式滴定管的刻度管与下端尖嘴玻璃管通过玻璃活塞相连，也称具塞滴定管（图1-11）。酸式滴定管用于装酸性、中性和有氧化性的溶液，不得用于装碱性溶液，因为其玻璃的磨口部分易被碱性溶液腐蚀，会使塞子无法转动。

另有棕色滴定管主要用于盛装一些见光容易分解的物质的溶液；酸碱两用的通用型滴定

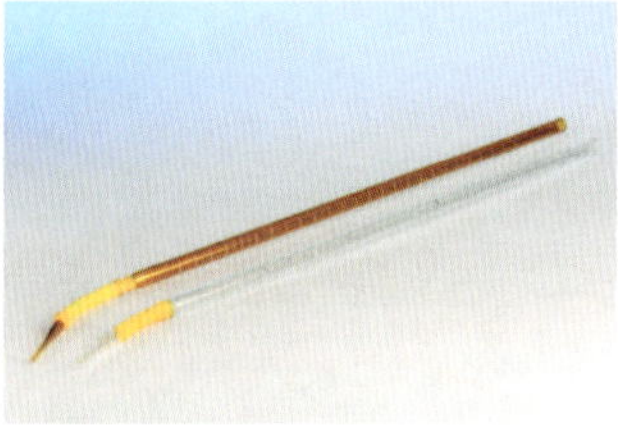
图1-10　碱式滴定管

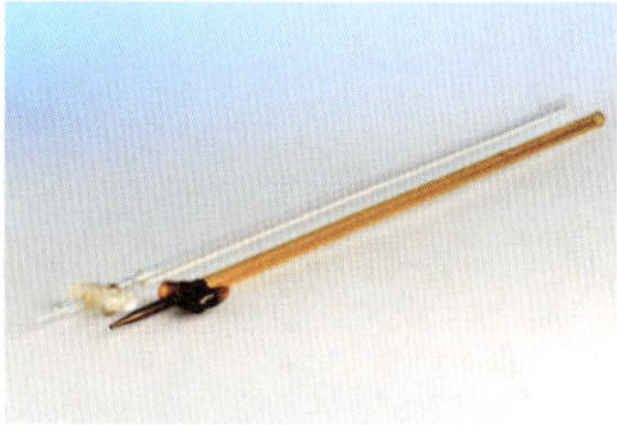
图1-11　酸式滴定管

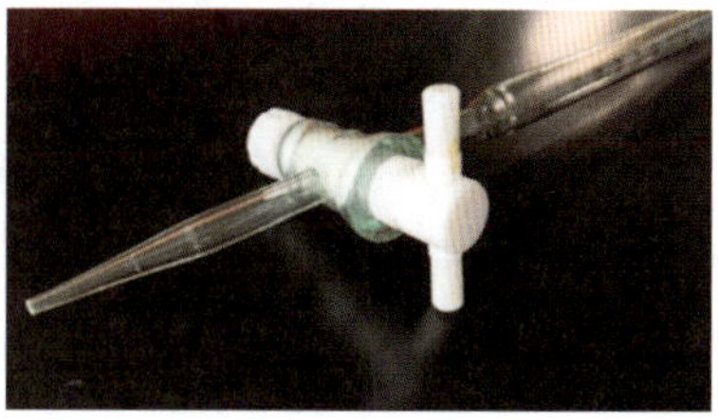
图1-12　酸碱两用的通用型滴定管

管（图1-12）的旋塞是用聚四氟乙烯材料做成的，不用涂油又耐腐蚀，密封性也好。

2. 按容积分类

滴定管按容积可分为常量滴定管、半微量滴定管和微量滴定管，最小分度值为0.05，0.01，0.005mL。

（三）滴定管的构造

碱式滴定管：由刻度管、尖嘴玻璃管、橡胶管构成。

酸式滴定管：由刻度管、尖嘴玻璃管、玻璃活塞构成。

（四）滴定管的容量允差

根据JJG 196—2006《常用玻璃量器检定规程》中规定，滴定管的容量允差表示在标准温度20℃时，滴定管的标称容量和零至任意分量以及任意两检定点之间的最大误差，应符合表1-6的规定。

表1-6　滴定管的容量允差

标称容量/mL	1	2	5	10	25	50	100
分度值/mL	0.01		0.02	0.05	0.1	0.1	0.2
容量允差/mL							
A级	±0.010		±0.010	±0.025	±0.04	±0.05	±0.10
B级	±0.020		±0.020	±0.050	±0.08	±0.10	±0.20

（五）滴定管上的标志

滴定管必须标记有下列永久性标志。

（1）标称容量。

（2）计量单位（mL）。

（3）制造厂商标。

（4）“20℃”表示标准温度。

（5）“Ex”表示量出式。

（6）“A”或“B”表示滴定管的准确度等级。

（7）非标准旋塞的旋塞芯、壳应分别标有易辨别的相同标志（标在旋塞芯柄和流液管上）。前六个标记在滴定管零位分度线以上处。

二、问题探究

1. 滴定管装标准溶液前为什么要进行润洗?

一，滴定管中有水就会稀释试剂，使试剂浓度降低，影响滴定结果；二，滴定管中可能含有其他杂质，用溶液润洗，可在最大限度上降低误差。

2. 碱式滴定管中溶液若藏有气泡对滴定结果有什么影响?

若滴定前有气泡，滴定后消失，则所读数值偏大，所测溶液浓度偏大；反之则偏小；若气泡在滴定前后不变，则无影响。

三、资源链接

滴定管的使用课件

滴定管的使用配套微课

提示

在整个任务实施过程中应遵守实验室用水、用电安全操作指南及实验室各项规章制度和玻璃器皿的安全使用规范。

任务实施

一、实验准备

配图	仪器与用具	操作说明
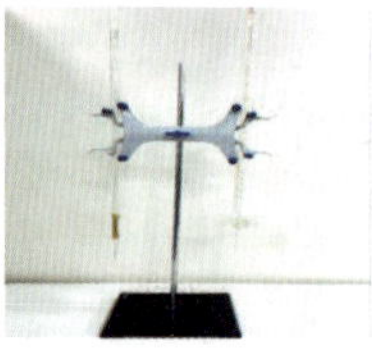	铁架台、碱式滴定管、酸式滴定管	（1）滴定管使用前必须试漏、用待测液润洗； （2）读数时，滴定管必须保持垂直
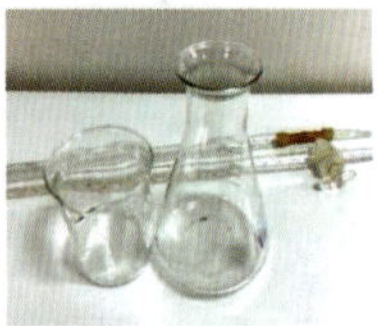	锥形瓶、烧杯	洗涤玻璃仪器应符合要求，否则对分析结果的准确度和精确度均有影响

二、实施操作

1. 试剂规格

配图	试剂规格	配图	试剂规格
	0.1mol/L的氢氧化钠溶液	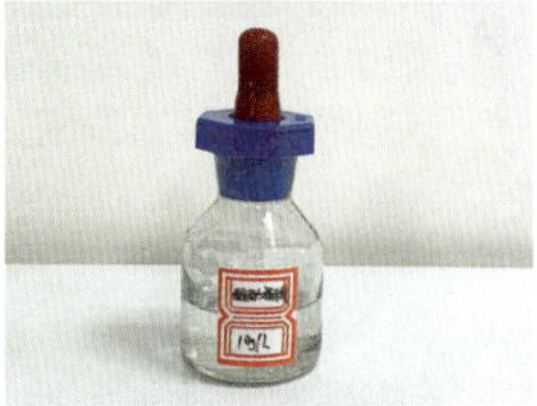	0.5%酚酞指示剂
	0.1mol/L的盐酸	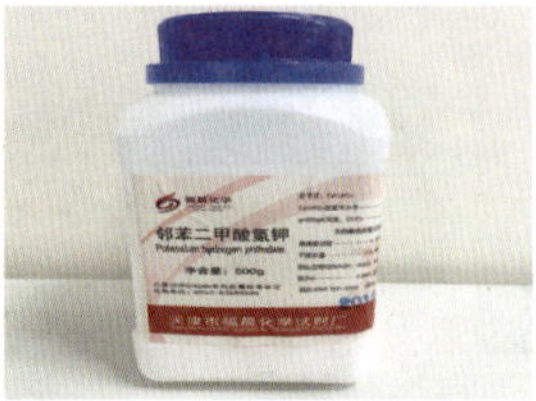	在105～110℃烘干2h的邻苯二甲酸氢钾

2. 碱式滴定管的使用

（1）连接碱式滴定管的刻度管和尖嘴玻璃管

配图	操作步骤	操作说明
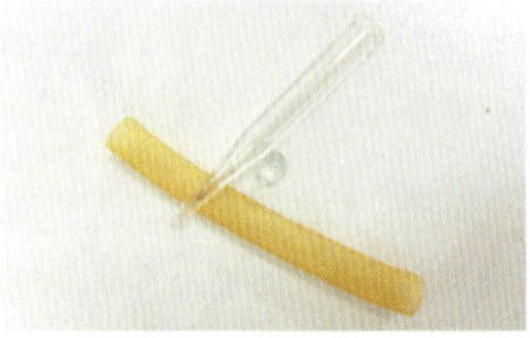	（1）准备好长度适中、内径合适的橡胶管，直径大小合适、圆滑的玻璃珠，碱式滴定管的尖嘴玻璃管	检查尖嘴玻璃管有无破损
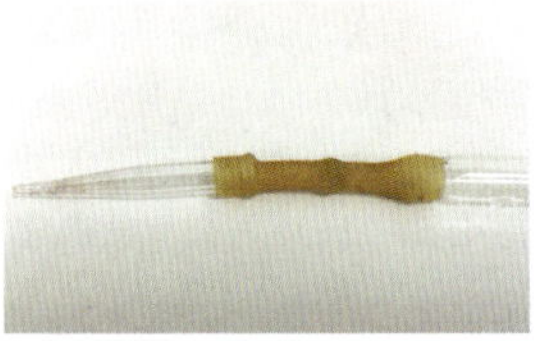	（2）将玻璃珠置于橡皮管中，连接碱式滴定管的刻度管和尖嘴玻璃管	—

（2）碱式滴定管试漏

配图	操作步骤	操作说明
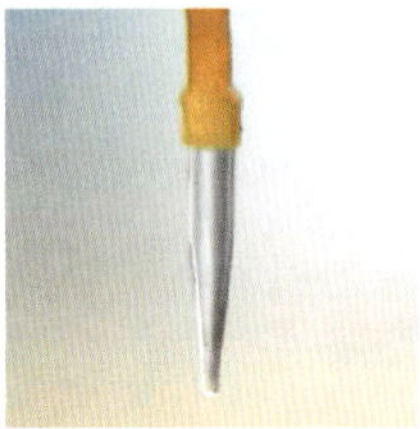	（1）将碱式滴定管装满水，夹在滴定管夹上，用滤纸擦拭尖嘴玻璃管外壁的水，静置2min； （2）观察液面是否下降，管尖是否有水珠，如漏水，则应更换橡胶管或管内玻璃珠，直至不漏水且能灵活控制液滴为止	（1）滴定管须固定在滴定管夹上使用； （2）检查玻璃珠与滴定管是否匹配

（3）洗涤

配图	操作步骤	操作说明
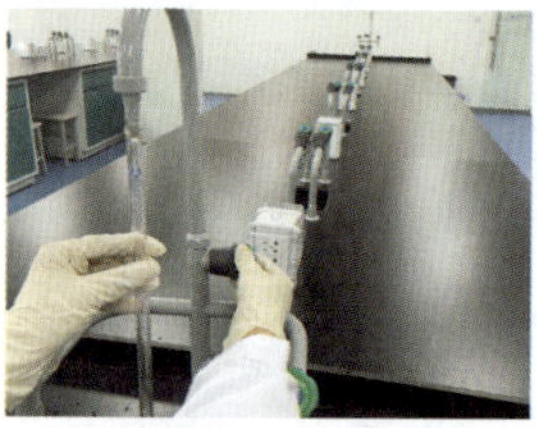	无明显油污的滴定管，一般先用自来水冲洗，或肥皂水泡洗，若管外壁不干净，则可用毛刷蘸上去污粉等洗涤剂洗涤	滴定管内壁不能用刷子刷，以免划伤内壁，影响体积测量的准确度
	（1）若有油污不易洗净，可用铬酸洗液洗涤（将橡胶管换成乳胶滴头后，才可用铬酸洗液洗涤）； （2）洗涤时向管内倒入5～10mL洗液，边转动边将滴定管放平，使管壁与洗液充分接触，若油污较重可用铬酸洗液浸泡，浸泡时间视油污程度而定； （3）洗完再将洗液倒回原瓶	（1）将滴定管管口对准废液缸，以防止洗液流出； （2）铬酸洗液可重复使用，失效时其颜色为绿色
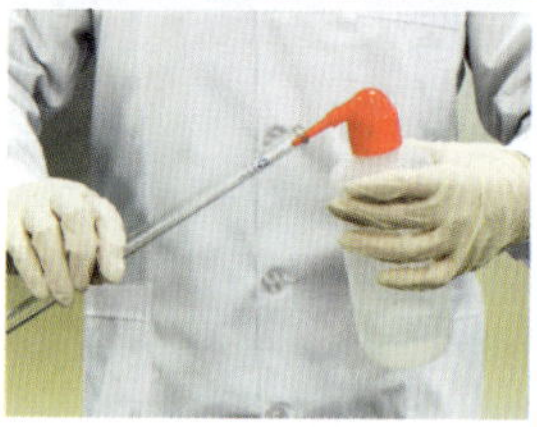	用自来水充分冲洗干净刻度管，将玻璃珠、尖嘴玻璃管、橡胶管装好，用自来水冲洗干净，再用蒸馏水淋洗3～4次	（1）滴定管内壁均匀覆上一层水膜，不挂有水珠，则清洗干净； （2）滴定管不可在烘干箱中烘干以免影响其体积

（4）润洗

配图	操作步骤	操作说明
	（1）将待装0.1mol/L氢氧化钠溶液（标准滴定溶液）摇匀，装入滴定管； （2）两手平端滴定管，同时慢慢转动使溶液接触整个其内壁； （3）使溶液从滴定管下端流出，再使溶液从滴定管管口流出，重复用标准滴定溶液润洗3次以上	（1）将标准滴定溶液摇匀； （2）为除去滴定管内残留水分，确保以氢氧化钠溶液润洗3遍

（5）装溶液

配图	操作步骤	操作说明
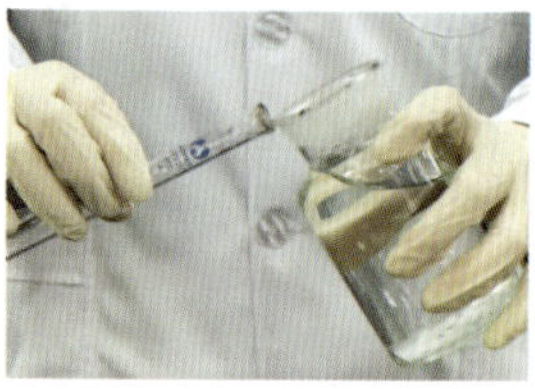	（1）装液时要将溶液摇匀后不借助任何器皿直接注入滴定管内； （2）将待装溶液加至滴定管中到“0.00”刻度线以上	将标准滴定溶液加入滴定管时，要注意使其下端口也充满标准滴定溶液

（6）排气泡

配图	操作步骤	操作说明
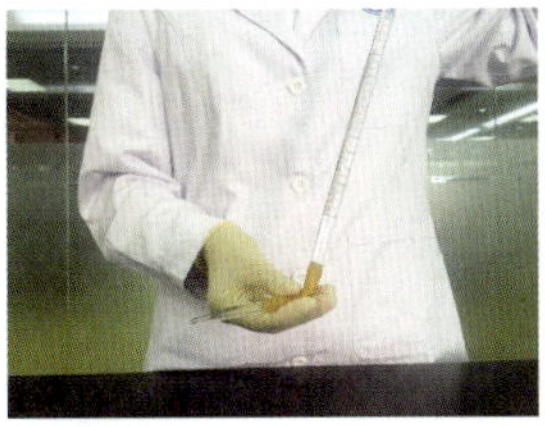	（1）左手拇指和食指放在稍高于玻璃珠所在的部位，使橡皮管向上弯曲，出口上斜； （2）往一旁轻轻挤捏橡皮管，使溶液从尖嘴快速喷出，气泡即可随之排掉，并使标准滴定溶液充满出口管	（1）观察滴定管尖嘴内是否有气泡，如有，将影响溶液体积的准确测量； （2）应在橡胶口放直后再松开拇指和食指；否则，气泡仍然存在

（7）调零

配图	操作步骤	操作说明
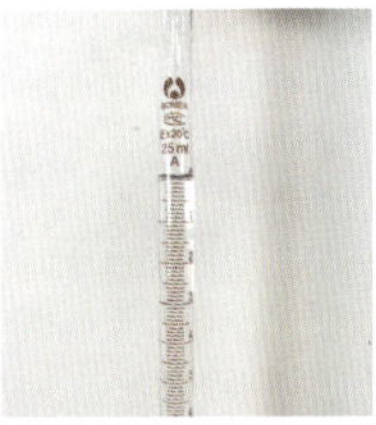	（1）排除气泡后，继续加入标准滴定溶液至“0.00”刻度线以上； （2）临滴定前，再把液面调节在“0.00”刻度线处备用	调零时，滴定管要与水平面垂直

（8）滴定

配图	操作步骤	操作说明
	（1）将滴定管垂直地夹在滴定管夹上，将装有邻苯二甲酸氢钾溶液的锥形瓶放在铁架台底板上，使滴定管尖端距锥形瓶口3～5cm	—
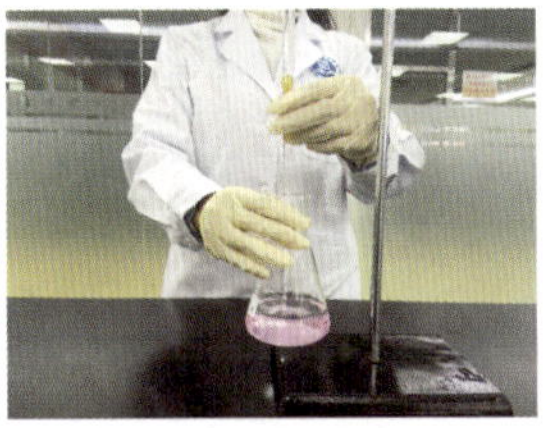	（2）用左手无名指及小指夹住出口管，拇指与食指捏住玻璃珠外侧的乳胶管，成一条缝隙，使溶液从空隙处流出，控制缝隙的大小即可控制溶液的流速； （3）右手的拇指、食指和中指拿住锥形瓶颈，沿同一方向做圆周转动，摇动锥形瓶时不要前后振动	（1）注意不能捏玻璃珠下面的乳胶管，以免从管口处倒吸气泡； （2）用滴定管滴加溶液并控制流速时，右手应通过手腕转动摇动锥形瓶，而不是胳膊晃动
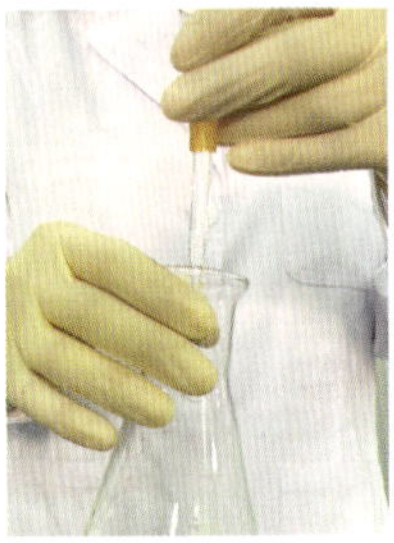	（4）滴定时，滴定管尖嘴部分插入锥形瓶口下1～2cm处，先快滴后慢滴，不可使溶液呈液柱流下；右手持瓶，使瓶内溶液按顺时针不断旋转； （5）边滴边摇，接近终点时，应1滴或半滴地加入并用洗瓶吹入少量水冲洗锥形瓶壁使附着溶液全部流下，然后摇动锥形瓶，观察是否达到滴定终点，如终点未到，继续滴加，直至准确到达滴定终点，等待15s	滴定时眼睛应注意观察锥形瓶中颜色的变化

（9）读数

配图	操作步骤	操作说明
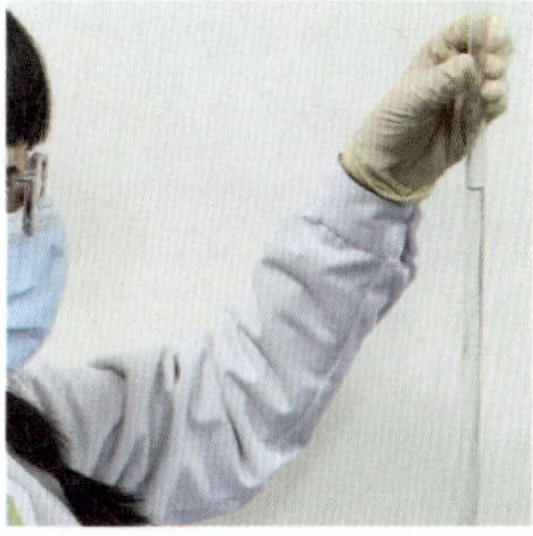	（1）读数时把滴定管取下，用右手拇指和食指拿住滴定管的上端（无刻度线处）使滴定管自然垂下，眼睛平视液面； （2）对于无色或浅色溶液读凹液面下缘最低点与刻度线相切处； （3）对于深色溶液，读液面两侧的最高点与刻度线相切处	（1）注入或放出溶液后，需等待1～2s再读数； （2）滴定前后均需记录读数

（10）数据记录

配图	操作步骤	操作说明
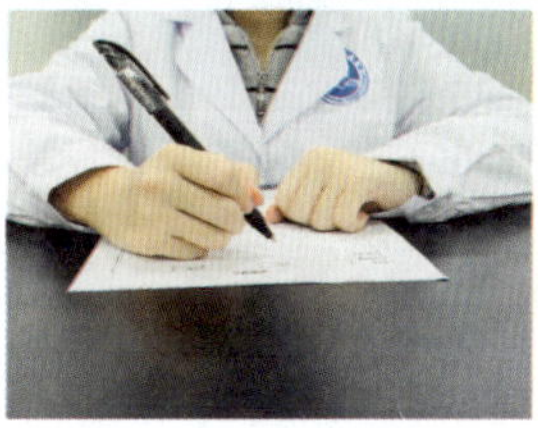	滴定结束后，清楚、准确、真实地记录消耗0.1mol/L氢氧化钠溶液的体积	—

（11）清洗及放置

配图	操作步骤	操作说明
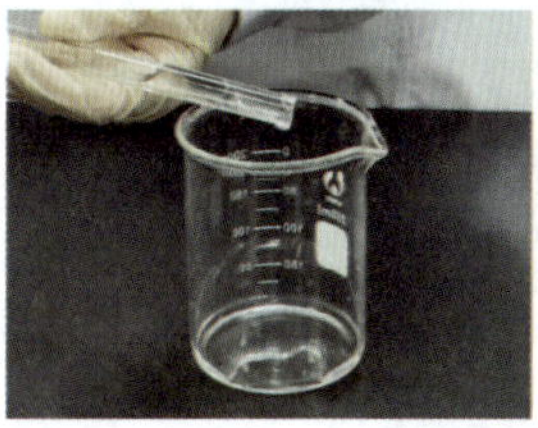	（1）滴定结束后，滴定管内剩余的溶液应弃去，不要倒回原瓶中； （2）洗涤干净滴定管，再以蒸馏水冲洗后倒立夹在滴定管夹上备用	—

3. 酸式滴定管的使用

（1）酸式滴定管的旋塞处涂抹凡士林

配图	操作步骤	操作说明
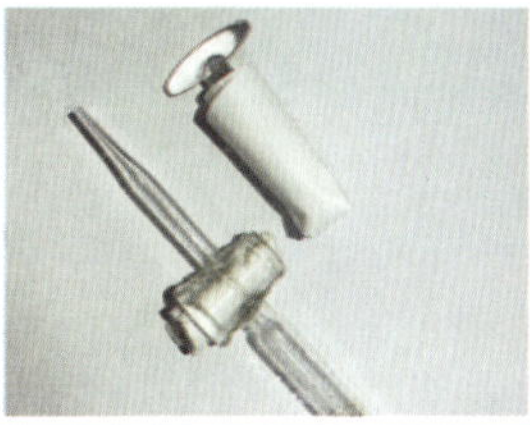	擦干活塞及活塞槽，将滴定管平放在实验台上，把旋塞取出，用滤纸将旋塞和塞槽内的水吸干	检查滴定管的尖嘴玻璃管有无破损

配图	操作步骤	操作说明
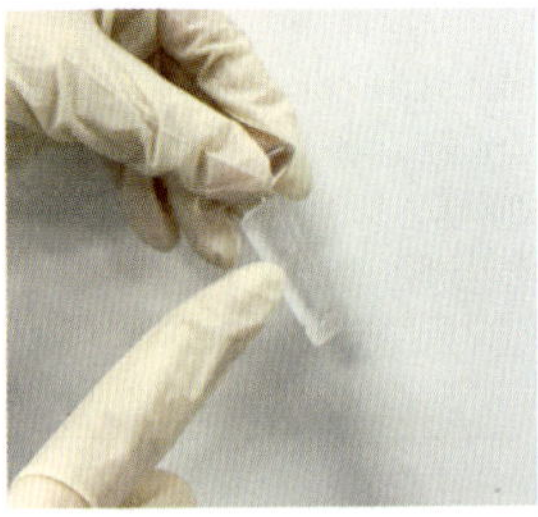	（1）涂凡士林，用手指蘸少许凡士林或真空脂，在旋塞芯两头均匀地、薄薄地涂上一层（导管处不涂凡士林）； （2）转动活塞，把旋塞插入塞槽内，向一个方向旋转几次，使油膜在旋塞内均匀透明，且旋塞转动灵活； （3）套上小胶圈，顶住活塞，以防止活塞因松动或滑出而损坏	涂抹凡士林的量不能太大，否则会堵塞滴定管

（2）酸式滴定管试漏

配图	操作步骤	操作说明
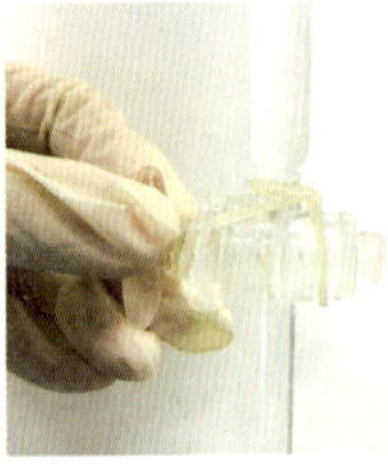	（1）将旋塞关闭，滴定管里注满水，并固定在滴定管夹上，静置2min，观察滴定管口及旋塞两端是否有水渗出，刻度管中液面是否下降； （2）若不漏，将活塞旋转180°，静置2min，再观察一次，不漏水才可使用	（1）滴定管须固定在滴定管夹上使用； （2）检查滴定管活塞是否灵活

（3）洗涤　方法同碱式滴定管。

（4）润洗　方法同碱式滴定管。

（5）装溶液　方法同碱式滴定管。

（6）排气泡

配图	操作步骤	操作说明
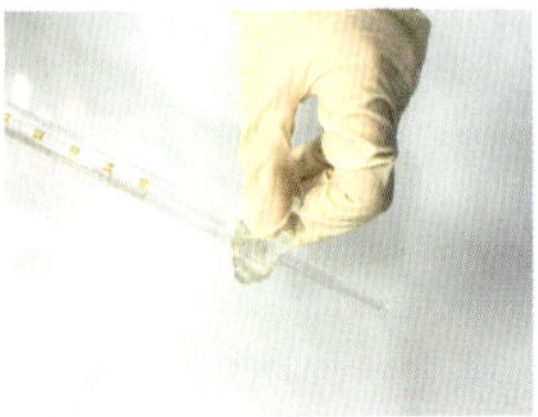	右手拿住滴定管无刻度部分使其倾斜约30°，左手迅速打开旋塞，使溶液快速冲出，将气泡带走	—

（7）调零　方法同碱式滴定管。

（8）滴定

配图	操作步骤	操作说明
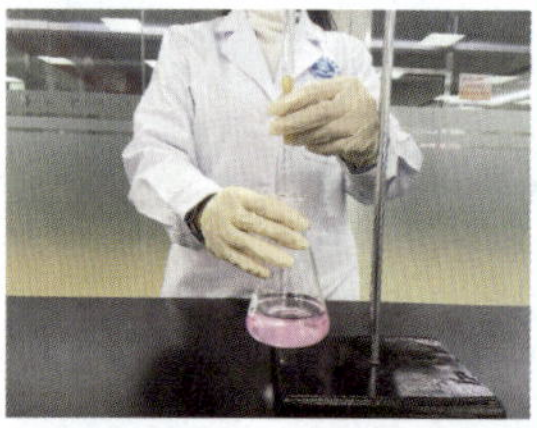	（1）左手拇指与食指跨握滴定管活塞处，与中指一起控制活塞的转动，其余手指向手心弯曲，轻轻贴着出口管； （2）转动活塞时，手指微曲，掌心空握，以免活塞松动或顶出活塞使溶液从活塞隙缝中渗出	操作时应注意不要过分往里拉或掌心末端向前推动旋塞，以免使所选活塞不能灵活转动或者因移位而造成漏液
	其他步骤同碱式滴定管	滴定时眼睛应注意观察锥形瓶中颜色的变化

（9）读数　方法同碱式滴定管。

（10）数据记录

配图	操作步骤	操作说明
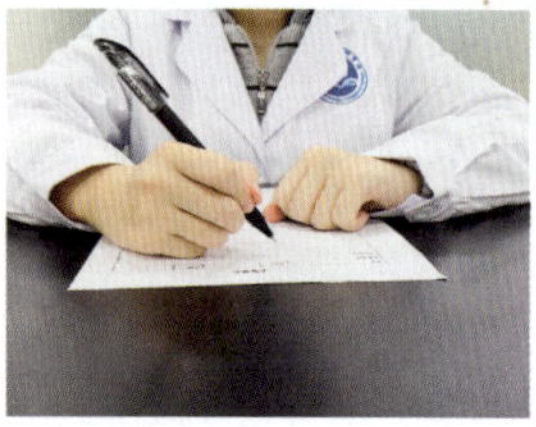	滴定结束后，清楚、准确、真实地记录消耗0.1mol/L盐酸溶液的体积	—

（11）清洗及放置　方法同碱式滴定管。酸式滴定管使用完后，应打开旋塞洗净并倒置于滴定管夹上。酸式滴定管长期不用时，活塞部分应垫上纸，否则时间一久，塞子会不易打开。

4. 记录原始数据

样品编号	Ⅰ	Ⅱ	Ⅲ
消耗氢氧化钠标准溶液的体积（mL）			
消耗氢氧化钠标准溶液的平均值（mL）			
消耗盐酸标准溶液的体积（mL）			
消耗盐酸标准溶液的平均值（mL）			

评价反馈

“滴定管的使用”考核评价表

学生姓名:__________　　　　班级:__________　　　　日期:__________

<table>
<tr><th>评价方式</th><th colspan="2">考核项目</th><th>评价项目</th><th>评价要求</th><th>不合格</th><th>合格</th><th>良</th><th>优</th></tr>
<tr><td rowspan="4">自我评价（10%）</td><td colspan="2" rowspan="2">相关知识</td><td>了解滴定管相关知识</td><td>相关知识输出正确（1分）</td><td rowspan="2">0</td><td rowspan="2">1</td><td rowspan="2">—</td><td rowspan="2">2</td></tr>
<tr><td>掌握滴定管的试漏、洗涤方法</td><td>能利用相关知识，完成相关步骤（1分）</td></tr>
<tr><td colspan="2" rowspan="2">实验准备</td><td>能正确配制实验试剂</td><td>正确配制试剂（4分）</td><td rowspan="2">0</td><td rowspan="2">4</td><td rowspan="2">—</td><td rowspan="2">8</td></tr>
<tr><td>能正确准备仪器</td><td>仪器准备正确（4分）</td></tr>
<tr><td rowspan="2">学生互评（20%）</td><td colspan="2" rowspan="2">操作技能</td><td>能熟练进行滴定管的使用，（编号、试漏、洗涤、配制溶液等）操作规范</td><td>实验过程操作规范熟练（15分）</td><td>0</td><td>5</td><td>10</td><td>15</td></tr>
<tr><td>能正确、规范记录结果并进行数据处理</td><td>原始数据记录准确、处理数据正确（5分）</td><td>0</td><td>2</td><td>4</td><td>5</td></tr>
<tr><td rowspan="10">教师学业评价（70%）</td><td>课前</td><td>通用能力</td><td>课前预习任务</td><td>课前任务完成认真（5分）</td><td>0</td><td>2</td><td>4</td><td>5</td></tr>
<tr><td rowspan="8">课中</td><td rowspan="5">专业能力</td><td rowspan="5">实际操作能力</td><td>能正确解读国家标准（10分）</td><td>0</td><td>3</td><td>6</td><td>10</td></tr>
<tr><td>操作规范，准确判断滴定终点（10分）</td><td>0</td><td>3</td><td>6</td><td>10</td></tr>
<tr><td>针对不同实验选择正确的滴定管，正确进行滴定操作（10分）</td><td>0</td><td>3</td><td>6</td><td>10</td></tr>
<tr><td>两次独立测定结果的绝对差值不超过算数平均值的5%（5分）</td><td>0</td><td>1</td><td>3</td><td>5</td></tr>
<tr><td>结果记录真实，字迹工整，报告规范（5分）</td><td>0</td><td>1</td><td>3</td><td>5</td></tr>
<tr><td rowspan="3">工作素养</td><td>发现并解决问题的能力</td><td>善于发现并解决实验过程中的问题（5分）</td><td rowspan="3">0</td><td rowspan="3">5</td><td rowspan="3">10</td><td rowspan="3">15</td></tr>
<tr><td>时间管理能力</td><td>合理安排时间，严格遵守时间安排（5分）</td></tr>
<tr><td>遵守实验室安全规范</td><td>操作符合安全规范（5分）</td></tr>
<tr><td>课后</td><td>技能拓展</td><td>熟练使用通用型滴定管</td><td>正确规范完成（10分）</td><td>0</td><td>5</td><td>—</td><td>10</td></tr>
<tr><td colspan="5">总分</td><td colspan="4"></td></tr>
</table>

注：①每个评分项目里，如出现安全问题则为0分；
②本表与附录2《职业素养考核评价表》配合使用。

学习心得

拓展训练

- 熟练使用通用型滴定管，绘制相关操作流程小报并录制视频。
  （提示：利用互联网、国家标准、微课等。）
- 拓展所学任务，线上查找相关知识链接，加深对相关知识的学习。
  （例如，中国大学MOOC https://www.icourse163.org/；智慧职教 https://www.icve.com.cn等。）

巩固反馈

1. 下列叙述中正确的是（　　）。

   A. 常用50mL滴定管上的最小刻度是0.01mL

   B. 用小烧杯称取样品时，使用电子天平比托盘天平更方便、准确度更高，在读数时，电子天平的侧门可以不关闭

   C. 润洗酸式滴定管时应从滴定管上口加入3～5mL所要盛装的酸溶液，倾斜着转动滴定管，使溶液润湿其内壁，再从上口倒出，重复2～3次

   D. 滴定过程中滴加溶液的速度不能太快，一般以每秒3～4滴为宜

2. 在一支25mL的酸式滴定管中盛入0.1mol/L的HCl溶液，其液面恰好在5mL刻度处，若把滴定管中的溶液全部放入烧杯中，然后以0.1mol/L的NaOH溶液进行中和，则所需NaOH溶液的体积（　　）。

A. 大于20mL　　　　B. 小于20mL

C. 等于20mL　　　　D. 等于5mL

3. 简述滴定管的操作流程。

4. 学生课后总结所学内容，与老师和同学进行交流讨论并完成本任务教学反馈。

项目二 物质称量与溶液配制

任务1 电子天平的使用

学习目标

知识目标	1. 了解电子天平的使用在食品检验实验中的意义。 2. 掌握电子天平的结构。
技能目标	1. 能用直接称量法、固定质量称量法和差减称量法进行电子天平的规范操作。 2. 掌握电子天平的维护方法。
素养目标	1. 通过称量方法的学习，培养学生严谨的工作作风、求实的科学态度。 2. 通过电子天平操作流程，培养学生精益求精、追求卓越的职业精神。 3. 能够按现场7S及相关标准，整理现场和处理废弃物，使学生养成良好的岗位操作习惯，具备从事本专业相关的职业能力。

任务描述

实验室现有三项任务：①称取烧杯的质量，并精确至0.1mg；②在烧杯中称取面粉样品0.5000g；③为完成氢氧化钠标准滴定溶液的标定，称取邻苯二甲酸氢钾样品3份，每份0.7500g。完成上述工作需要一种基础仪器——分析天平。物质的称量是化学实验最基本的操作之一。依据GB/T 26497—2022《电子天平》，我们将按照如图2-1所示的环节完成学习任务。

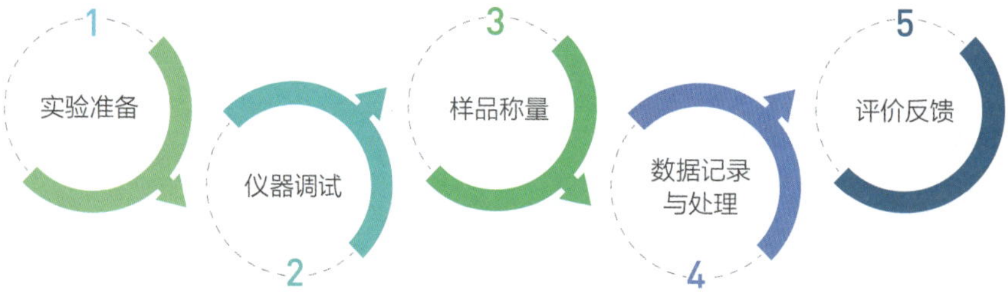

图2-1 “任务1 电子天平的使用”实施环节

任务要求

1．掌握了解天平用途、结构及选择和使用方法。

2．独立完成滴定任务。

课前准备

一、学习资源准备

通过网络获取GB/T 26497—2022《电子天平》及JJG 196—2006《常用玻璃量器检定规程》、GB/T 602—2002《化学试剂　杂质测定用标准溶液的制备》、GB/T 603—2023《化学试剂　试验方法中所用制剂及制品的制备》、GB/T 8170—2008《数值修约规则与极限数值的表示和判定》等相关资料。

二、完成预习任务

1．阅读学习相关资源，知道天平的构造和用途。

2．绘制操作流程小报并初拟实验方案。

3．完成老师发布的预习小测验等相关预习任务，手机扫码完成课前测试。

电子天平的使用课前测试

三、完成课前讨论

1．完成《学情分析表》(附录1)。

2．在线提出预习中存在的问题，并进行相关讨论。

思政园地

“天下大事，必作于细”，我们要以苦为乐、勤学技术、苦练本领、执着专注、追求卓越。

知识链接

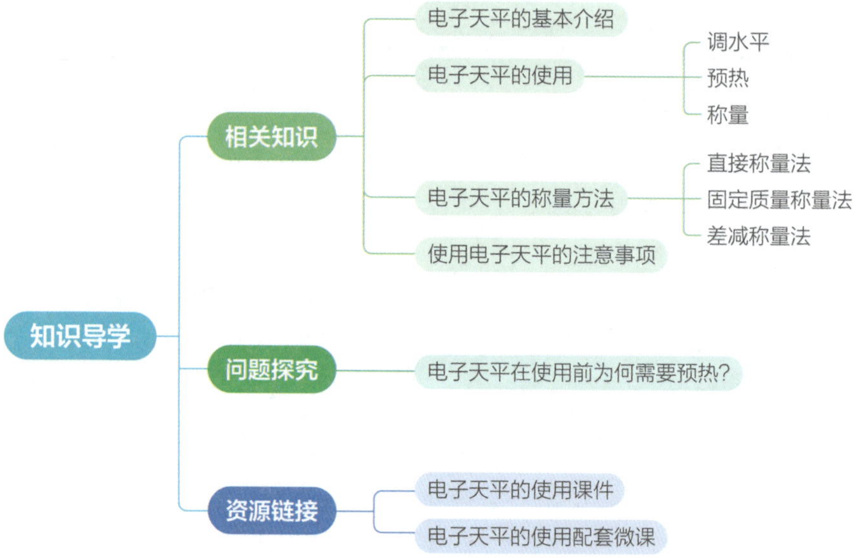

图2-2 “电子天平的使用”知识思维导图

一、相关知识

（一）电子天平的基本介绍

电子天平是较为先进的分析天平，由于其称量准确可靠，显示快速、清晰，并且具有自动检测系统、简便的自动校准装置以及超载保护装置等，在教学、科研、生产中普遍使用。所以了解电子天平的构造、性能、原理，正确地称量物质是实验取得成功的有力保障。

按电子天平的精度可将其分为超微量电子天平、微量电子天平、半微量电子天平、常量电子天平。

电子天平的构造如图2-3所示，电子天平利用电磁力与物体的重力相平衡的原理，称量物体质量，故需要校准来消除重力加速度的影响。

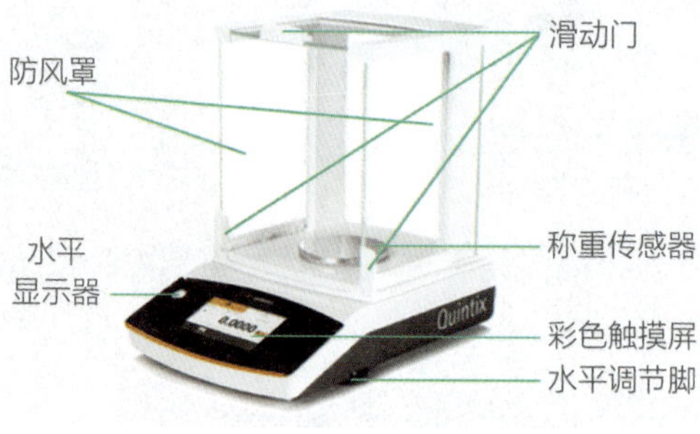

图2-3 电子天平的结构图

（二）电子天平的使用

1. 调水平

电子天平开机前，应观察天平水平仪内的水泡是否位于圆环的中央，如图2-4所示，可通过天平的水平调节脚调节天平高度，左旋升高，右旋下降。

图2-4　水平仪

2. 预热

天平初次接通电源或长时间断电后再开机时，至少需要30min的预热时间，因此实验室电子天平在通常情况下，无需切断电源。

3. 称量

（1）按下“ON/OFF”键，接通显示器。

（2）等待仪器自检，当显示器显示为零时，自检过程结束，天平可进行称量。

（3）放置称量纸，按显示器两侧的“Tare”键去皮，待显示器显示为零时，在称量纸或器皿上放置所要称量的样品，进行称量。

（4）称量完毕，按“ON/OFF”键，关闭显示器。

（三）电子天平的称量方法

1. 直接称量法

直接称量法：使用一些性质稳定无腐蚀性的非粉末状的固体物品，如表面皿、坩埚、烧杯等容器称量时，可直接将其放在天平盘上，称其重量。

2. 固定质量称量法

固定质量称量法：对于一些在空气中性质稳定，不易吸水的粉末状的药品，称量某一指定质量时，通常采用此法称量。

3. 差减称量法

差减称量法要求测量的质量不是固定值，而是在一定的范围内的样品或试剂。此法适用于称量易吸水、易氧化或易与二氧化碳作用的物质。使用差减称量法时称取样品质量的计算方法为：

$$m = m_1 - m_2$$

式中　m——称量样品的质量，g

m_1——取样前称量瓶加样品的质量，g

m_2——取样后称量瓶加样品的质量，g

（四）使用电子天平的注意事项

（1）使用前调整水平仪中气泡至中间位置。

（2）电子天平应按说明书的要求进行预热。

（3）称量易挥发和具有腐蚀性的物品时，要盛放在密闭的容器中，以免腐蚀和损坏电子天平。

（4）经常对电子天平进行自校或定期外校，保证其处于最佳状态。

（5）同一个实验应使用同一台天平进行称量，以免因称量而产生误差。

二、问题探究

电子天平在使用前为何需要预热?

为了得到精确的测量值。电子天平的基本工作原理是平衡，如果失衡，可利用电磁力使天平重新达到平衡，只有经过充分预热，使磁钢达到热平衡，天平才能达到平衡，再利用回零（去皮）功能，使显示值归零，天平方处于真正可使用的状态。

三、资源链接

电子天平的使用课件　　电子天平的使用配套微课

任务实施

提示

在整个任务实施过程中应遵守实验室用水、用电安全操作指南及实验室各项规章制度和玻璃器皿的安全使用规范。

一、实验准备

1. 仪器与用具

配图	仪器与用具	操作说明
	分析天平（感量为0.0001g）	称量完毕后，及时取出被称量的物品，并保持天平清洁
	干燥器	打开干燥器时，不能向上掀盖，应用左手按住干燥器，右手小心地把盖子稍微推开，等冷空气徐徐进入后，才能完全推开，盖子必须仰放在桌子上
	称量皿、锥形瓶、量筒、容量瓶等	（1）洗涤玻璃仪器应符合要求，否则对分析结果的准确度和精确度均有影响； （2）量筒必须放平，读数时视线要跟量筒内液体的凹液面的最低处保持水平； （3）溶液应降至室温再进行定容

配图	仪器与用具	操作说明
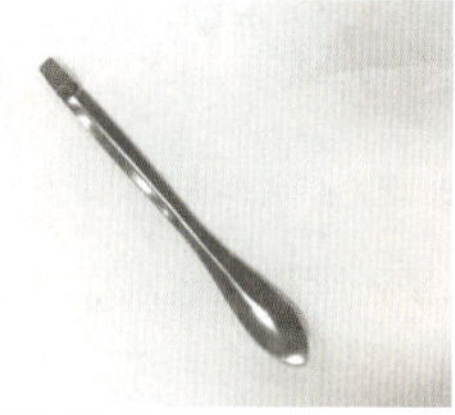	牛角匙	—

2. 试剂

配图	试剂名称	操作说明
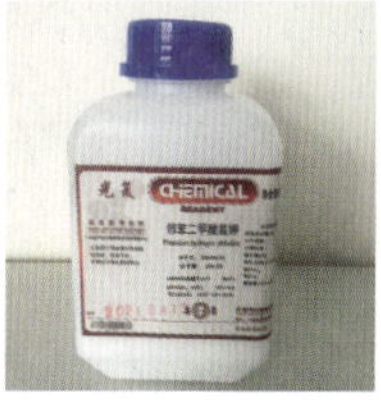	邻苯二甲酸氢钾	—

二、实施操作

1. 检查仪器

配图	操作步骤	操作说明
	检查天平是否洁净，如不洁净，可用天平刷或干净的湿布进行清洁	—

2. 调节水平

配图	操作步骤	操作说明
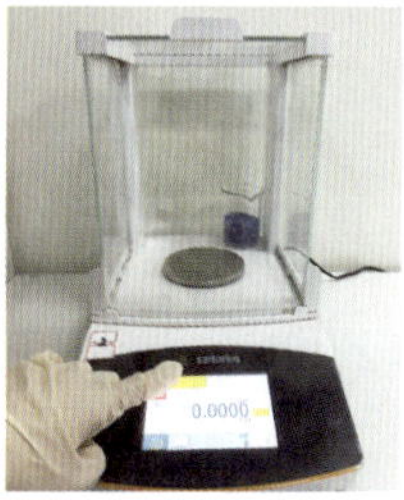	接通电源，轻按“ON/OFF”键，当显示器显示“0.0000g”时，电子称量系统自检过程结束	天平准备就绪

3. 预热

配图	操作步骤	操作说明
	天平在初次接通电源或长时间断电后再开机时，至少需要30min的预热时间	实验室电子天平不需经常切断电源

三、样品称量

1. 直接称量法（称量烧杯质量）

配图	操作步骤	操作说明
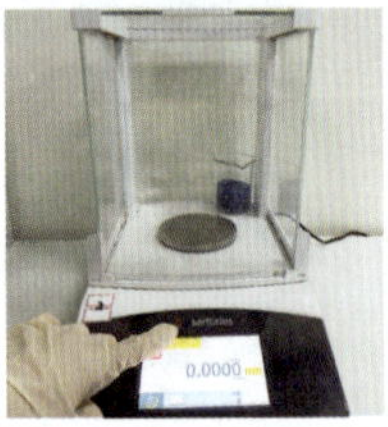	（1）待读数稳定，不需记录称量数据，按“去皮清零/TARE”键，待显示器显示“0.0000g”	—
	（2）将要称量的物品轻轻放置在秤盘中心，关闭天平门	待显示屏读数稳定时，即可读取读数

2. 固定质量称量法

配图	操作步骤	操作说明
	（1）打开天平右侧门，将洁净干燥的表面皿、小烧杯或称量纸放置在托盘中心上，关闭天平右侧门，在分析天平上准确称出接收称量物的器皿的质量	—
	（2）待读数稳定，不需记录称量数据，按“去皮清零/TARE”键，待显示器显示“0.0000g”	需等显示数值稳定后再读数

配图	操作步骤	操作说明
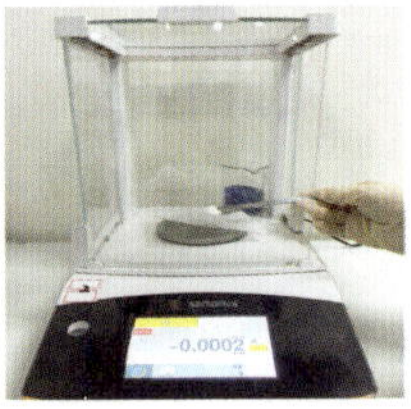	（3）开启天平右侧门，小心地以右手持盛有样品的牛角匙，伸向接收称量物的器皿中心部位的上方	此处允许有±0.0002g的误差
	（4）用右手拿稳牛角匙，左手食指和中指并拢，轻轻震动右手手腕，让匙中的样品以非常缓慢的速度抖入表面皿或烧杯中	称量完成后牛角匙不可放在桌面上
	（5）待显示器上显示的数值达到称量要求后，关闭天平侧窗，待显示数值稳定后读数，即称得样品的实际质量	若实验中所加入的量超过指定质量，须重新称量
	（6）打开天平右侧门，将称取的样品取出，放置在实验台上，再关闭天平右侧门	牛角匙中剩余物品须弃于回收试剂瓶中

3. 差减称量法

配图	操作步骤	操作说明
	（1）缓慢平推干燥器的盖子，戴好手套，取出称量瓶，再平推盖子，盖上干燥器	不应用手直接触及称量瓶瓶身及瓶盖
	（2）待读数稳定，不需记录称量数据，按“去皮清零/TARE”键，待显示器显示“0.0000g”	需等显示数值稳定后再读数

配图	操作步骤	操作说明
	（3）开启天平右侧门，轻轻地将称量瓶放到秤盘的正中位置，关闭天平右侧门，待显示数值稳定，读取称量瓶加样品的准确质量（m_1），准确到0.1mg，并记录数值	—
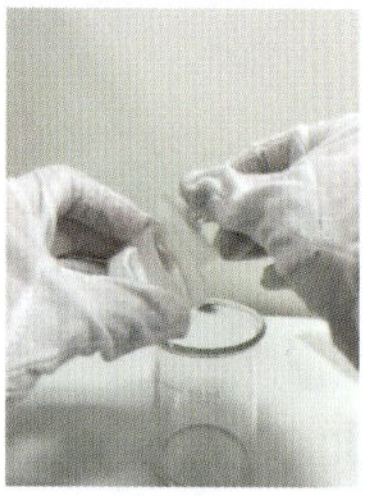	（4）开启天平右侧门，将称量瓶从天平秤盘上取出，关闭天平右侧门，拿到接收容器的上方，将瓶身慢慢向下倾斜，用瓶盖轻轻敲击瓶口内缘，转动称量瓶至样品缓缓接近需要量时（通常从体积上估计或经试重得知），一边继续用瓶盖轻敲瓶口，一边逐渐将瓶身竖直，使粘在瓶口附近的样品落入接收容器或落入称量瓶底部，盖好瓶盖	接触称量瓶需戴白手套，或用纸条夹持
	（5）开启天平右侧门，轻轻地将称量瓶放到秤盘的正中位置，关闭天平右侧门，待读数稳定，读取称量瓶加样品的准确质量（m_2），精确到0.1mg，并记录数值	—

四、原始数据与处理

将任务实施所得数据录入以下表格中（表2-1和表2-3）。

表2-1　直接称量法数据记录表

样品名称		称量方法		称量日期	
样品编号			Ⅰ	Ⅱ	
样品称量质量（g）					
称量质量平均值（g）					

表2-2　固定质量称量法数据记录表

样品名称		称量方法		称量日期	
样品编号			Ⅰ	Ⅱ	
样品称量质量（g）					
称量质量平均值（g）					

表2-3 差减称量法数据记录表

<table>
<tr><td colspan="2">样品名称</td><td>称量方法</td><td colspan="3"></td></tr>
<tr><td colspan="3">样品编号</td><td>Ⅰ</td><td>Ⅱ</td><td>Ⅲ</td></tr>
<tr><td colspan="2">（倾出前）称量瓶+样品（g）</td><td>m_1</td><td></td><td></td><td></td></tr>
<tr><td colspan="2">（倾出后）称量瓶+样品（g）</td><td>m_2</td><td></td><td></td><td></td></tr>
<tr><td colspan="2">样品质量（g）</td><td>m_1-m_2</td><td></td><td></td><td></td></tr>
<tr><td colspan="2">称量检验，绝对误差</td><td>$|m_1-m_2|$</td><td></td><td></td><td></td></tr>
</table>

评价反馈

“电子天平的使用”考核评价表

学生姓名:＿＿＿＿＿＿ 班级:＿＿＿＿＿＿ 日期:＿＿＿＿＿＿

<table>
<tr><th>评价方式</th><th colspan="2">考核项目</th><th>评价项目</th><th>评价要求</th><th>不合格</th><th>合格</th><th>良</th><th>优</th></tr>
<tr><td rowspan="4">自我评价（10%）</td><td rowspan="2" colspan="2">相关知识</td><td>了解电子天平的结构和原理</td><td>相关知识输出正确（1分）</td><td rowspan="2">0</td><td rowspan="2">1</td><td rowspan="2">—</td><td rowspan="2">2</td></tr>
<tr><td>掌握电子天平的使用方法</td><td>能利用相关知识，完成相关步骤（1分）</td></tr>
<tr><td rowspan="2" colspan="2">实验准备</td><td>能正确配制实验试剂</td><td>正确配制试剂（4分）</td><td rowspan="2">0</td><td rowspan="2">4</td><td rowspan="2">—</td><td rowspan="2">8</td></tr>
<tr><td>能正确准备仪器</td><td>仪器准备正确（4分）</td></tr>
<tr><td rowspan="2">学生互评（20%）</td><td rowspan="2" colspan="2">操作技能</td><td>能熟练进行电子天平的使用，（直接称量法、固定质量称量法、差减称量法）操作规范</td><td>实验过程操作规范熟练（15分）</td><td>0</td><td>5</td><td>10</td><td>15</td></tr>
<tr><td>能正确、规范记录结果并进行数据处理</td><td>原始数据记录准确、处理数据正确（5分）</td><td>0</td><td>2</td><td>4</td><td>5</td></tr>
<tr><td rowspan="4">教师学业评价（70%）</td><td>课前</td><td>通用能力</td><td>课前预习任务</td><td>课前任务完成认真（5分）</td><td>0</td><td>2</td><td>4</td><td>5</td></tr>
<tr><td rowspan="3">课中</td><td rowspan="3">专业能力</td><td rowspan="3">实际操作能力</td><td>能正确解读国家标准（10分）</td><td>0</td><td>3</td><td>6</td><td>10</td></tr>
<tr><td>操作规范，准确称量（10分）</td><td>0</td><td>3</td><td>6</td><td>10</td></tr>
<tr><td>能针对不同实验选择正确的称量方法（10分）</td><td>0</td><td>3</td><td>6</td><td>10</td></tr>
</table>

续表

<table>
<tr><th>评价方式</th><th colspan="2">考核项目</th><th>评价项目</th><th>评价要求</th><th>不合格</th><th>合格</th><th>良</th><th>优</th></tr>
<tr><td rowspan="6">教师学业评价（70%）</td><td rowspan="5">课中</td><td rowspan="2">专业能力</td><td rowspan="2">实际操作能力</td><td>独立测定结果的绝对差值不超过0.5mg（5分）</td><td>0</td><td>1</td><td>3</td><td>5</td></tr>
<tr><td>结果记录真实，字迹工整，报告规范（5分）</td><td>0</td><td>1</td><td>3</td><td>5</td></tr>
<tr><td rowspan="3">工作素养</td><td>发现并解决问题的能力</td><td>善于发现并解决实验过程中的问题（5分）</td><td rowspan="3">0</td><td rowspan="3">5</td><td rowspan="3">10</td><td rowspan="3">15</td></tr>
<tr><td>时间管理能力</td><td>合理安排时间，严格遵守时间安排（5分）</td></tr>
<tr><td>遵守实验室安全规范</td><td>操作符合安全规范（5分）</td></tr>
<tr><td>课后</td><td>技能拓展</td><td>硼砂的称重</td><td>正确规范完成（10分）</td><td>0</td><td>5</td><td>—</td><td>10</td></tr>
<tr><td colspan="5">总分</td><td colspan="4"></td></tr>
</table>

注：①每个评分项目里，如出现安全问题则为0分；
②本表与附录2《职业素养考核评价表》配合使用。

学习心得

拓展训练

- 完成硼砂的称重，绘制相关操作流程小报并录制视频。
  （提示：利用互联网、国家标准、微课等。）
- 拓展所学内容，线上查找相关知识，加深对相关知识的学习。
  （例如，中国大学MOOC https://www.icourse163.org/；智慧职教 https://www.icve.com.cn等。）

巩固反馈

1. 在使用天平称量前一定要调零，使用完毕后不用调零（　　）。
   A. 对　　B. 错
2. 电子天平读数时，玻璃门应关上（　　）。
   A. 对　　B. 错
3. 学生课后总结所学内容，与老师和同学进行交流讨论并完成本任务的教学反馈。

任务 2　一般溶液的配制

学习目标

知识目标

1. 掌握不同浓度表示方式的溶液中溶剂和溶质的量的计算方法。
2. 掌握不同浓度表示方式的溶液的配制方法。

技能目标

1. 能计算不同浓度表示方式的溶液中溶剂和溶质的量。
2. 能根据溶液浓度的不同表示方式选择合适的溶液配制方法。
3. 能熟练和准确地配制不同浓度的溶液。

素养目标

1. 培养学生遵守食品安全法律、法规的意识，使学生了解按照食品安全标准和检验规范对食品进行检验的重要性。
2. 通过小组合作学习，培养学生团结协作的良好行为习惯。
3. 能遵守7s管理要求，认真整理实验台面，保持实验过程清洁，实验完成后仔细清扫。培养学生的责任心，使学生养成环保意识。

任务描述

溶液的配制是食品检验人员的一项基本的技能，是食品检验过程中必不可少的操作步骤。本任务将配制几种不同浓度表示方式的溶液。依据GB/T 6682—2008《分析实验室用水规格和试验方法》中实验室用水标准和GB 37885—2019《化学试剂　分类》中化学试剂的使用标准，我们将按照如图2-5所示的环节完成学习任务。

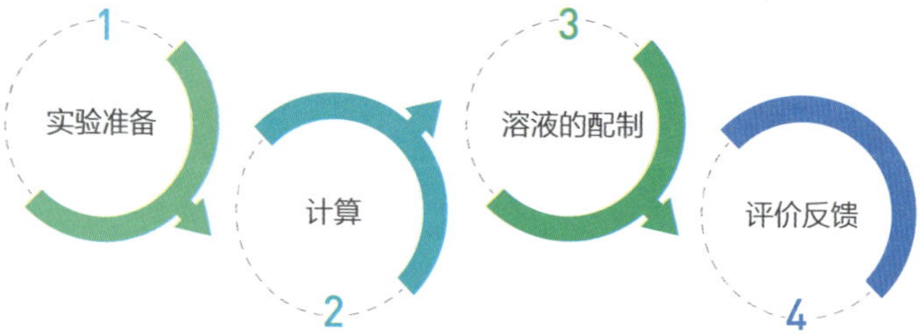

图2-5 “任务2　一般溶液的配制”实施环节

任务要求

1．独立完成几种溶液的配制任务。

2．学会选择不同的配制方法。

课前准备

一、学习资源准备

通过网络获取JJG 196—2006《常用玻璃量器检定规程》、GB/T 603—2023《化学试剂 试验方法中所用制剂及制品的制备》等相关资料。

二、完成预习任务

1．阅读学习相关资源，归纳溶液配制的相关知识。

2．绘制操作流程小报并初拟实验方案。

3．完成老师发布的预习小测验等相关预习任务，手机扫码完成课前测试。

一般溶液的配制课前测试

三、完成课前讨论

完成《学情分析表》(附录1)。

思政园地

《中华人民共和国食品安全法》规定检验人应当依照有关法律、法规的规定，并按照食品安全标准和检验规范对食品进行检验，尊重科学，恪守职业道德，保证出具的检验数据和结论客观、公正，不得出具虚假检验报告。

知识链接

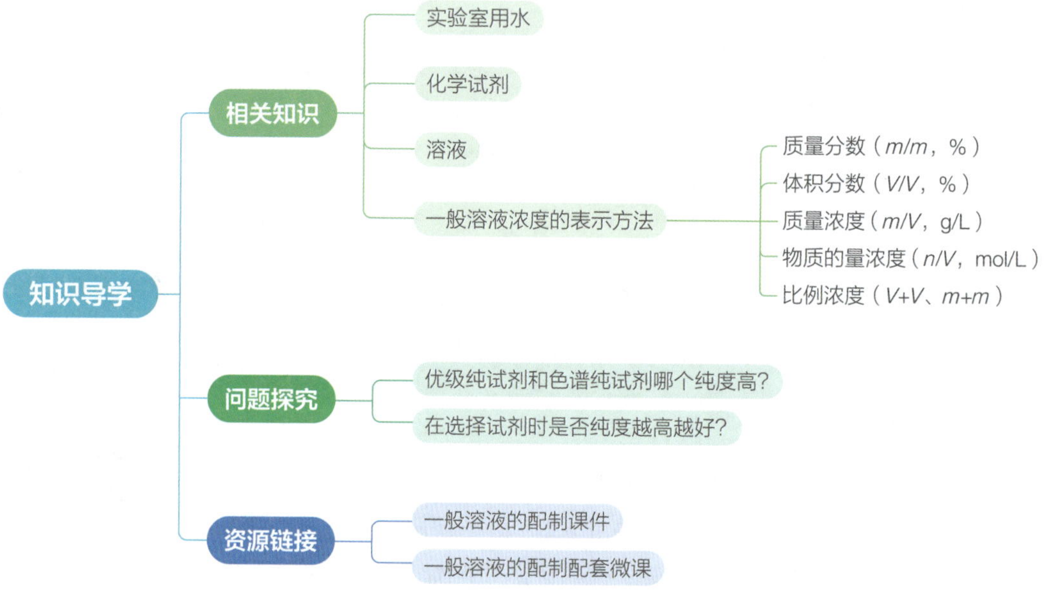

图2-6 “一般溶液的配制”知识思维导图

一、相关知识

（一）实验室用水

在食品检验的任务过程中，溶解、稀释、配制溶液和洗涤等都需要用到水，不同的用途对水质纯度的要求也不相同。根据GB/T 6682—2008《分析实验室用水规格和试验方法》的规定，实验室用水可以分为三个级别（表2-4）。

表2-4 实验室用水的等级、适用范围、制取方法、承装容器及贮存

级别	适用范围	制取方法	承装容器	贮存
一级水	有严格要求的分析实验，包括对颗粒有要求的实验（如高效液相色谱分析用水）	用二级水经过石英设备蒸馏或离子交换混合床处理后，再经0.2μm微孔滤膜过滤	密闭、专用的聚乙烯容器	不可贮存，使用前制备
二级水	无机痕量分析等实验（如原子吸收光谱分析用水）	经多次蒸馏或离子交换	密闭、专用的聚乙烯容器	适量制备并贮存于经同级水清洗过的容器中

续表

级别	适用范围	制取方法	承装容器	贮存
三级水	一般化学分析实验	蒸馏或离子交换	密闭、专用的聚乙烯或玻璃容器	适量制备并贮存于经同级水清洗过的容器中

注：新容器在使用前需用盐酸溶液（20%）浸泡2～3d，再用待测水反复冲洗，并注满待测水浸泡6h以上。

（二）化学试剂

化学试剂数量繁多，种类复杂，在食品检验过程中又是不可缺少的物质，化学试剂的选择直接影响到检验结果的准确性。在GB 37885—2019《化学试剂　分类》中，将化学试剂分为十大类，其中与食品检验相关的分类有：标准物质/标准样品、化学分析用化学试剂和仪器分析用化学试剂。

（1）标准物质/标准样品　标准物质/标准样品具有一种或多种足够均匀和很好确定的特性值，用于校准测量装置，评价测量方法或给材料赋值，在不同专业中有不同的名称，食品分析检验中称其为基准物质或基准试剂。

（2）化学分析用化学试剂　可以分为三个级别，具体见表2-5。

表2-5　化学试剂的等级、符号、标签颜色及适用范围

等级	符号	标签颜色	适用范围
优级纯	G.R.	绿色	精密分析、科研工作
分析纯	A.R.	红色	分析实验
化学纯	C.P.	蓝色	一般化学实验

（3）仪器分析用化学试剂　色谱纯试剂、光谱纯试剂等。

（三）溶液

溶液是溶质以分子、原子或离子状态分散于另一种物质（溶剂）中构成的均匀而又稳定的体系。溶液由溶剂和溶质组成。

溶剂是用来溶解另一种物质的物质（试剂），如用盐和水配制盐水，水就是溶剂；溶质是被溶剂溶解的物质，如用盐和水配制盐水，盐就是溶质。两种溶液互溶时，一般把量多的一种称为溶剂，量少的一种称为溶质。

实验中配制的溶液包括一般溶液和标准溶液。一般溶液的浓度不需严格准确，质量可用普通天平称量，体积可用量筒量取。

（四）一般溶液浓度的表示方法

1．质量分数（m/m，%）

质量分数指溶质的质量占溶液质量的百分率，例如，4%的氯化钠溶液是指100g氯化钠溶液中含4g氯化钠，计算公式为：

$$w_1 = \frac{m_1}{m}$$

式中　w_1——氯化钠溶液的质量分数，%

m_1——氯化钠的质量，g

m——溶液的质量，g

【例1】配制50g 10%硫酸亚铁溶液。

解：从题目可知，硫酸亚铁溶液的质量分数$w_1 = 10\%$，质量m=50g，则硫酸亚铁的质量$m_1 = 50 \times 10\% = 5$（g），蒸馏水的质量$m - m_1 = 50 - 5 = 45$（g）。

配制：准确称取硫酸亚铁5g，加蒸馏水45g，混匀。

2．体积分数（V/V，%）

体积分数指在某温度和压力下，某纯物质的体积占其混合物中各组分纯物质体积之和的百分数，例如，配制100mL消毒酒精（75%乙醇溶液），溶质为液体，忽略混溶时的体积变化，即将75mL纯乙醇加水定容至100mL，计算公式为：

$$w_2 = \frac{V_1}{V_2} \times 100\%$$

式中　w_2——乙醇的体积分数，%

V_1——无水乙醇的体积，mL

V_2——乙醇溶液的体积，mL

【例2】配制500mL 40%三氯乙醇溶液。

解：从题目可知，三氯乙醇溶液的体积分数$w_2 = 40\%$，三氯乙醇溶液的体积$V_2 = 500$mL，则三氯乙醇体积$V_1 = 500 \times 40\% = 200$（mL）。

配制：准确量取三氯乙醇200mL，加蒸馏水至500mL，混匀。

3．质量浓度（m/V，g/L）

质量浓度指单位体积溶液中所含溶质的质量的浓度，例如，5g/L硫酸铜溶液是指1L硫酸铜溶液中含有5g硫酸铜，计算公式为：

$$\rho_1=\frac{m_2}{V_3}$$

式中　ρ_1——硫酸铜溶液的质量浓度，g/L

m_2——硫酸铜的质量，g

V_3——溶液的体积，L

【例3】配制100mL 5g/L无水碳酸钠溶液。

解：从题目可知，无水碳酸钠溶液的质量浓度$\rho_1=5$g/L，体积$V_3=100$mL，则硫酸铜的质量$m_2=5\times100/1000=0.5$（g）。

配制：准确称取无水碳酸钠0.5g，加蒸馏水稀释至100mL，混匀。

4. 物质的量浓度（n/V，mol/L）

物质的量浓度指单位体积溶液中所含溶质的物质的量，例如，0.1mol/L高锰酸钾溶液是指1L高锰酸钾溶液中含有1mol的高锰酸钾，计算公式为：

$$n=\frac{m_3}{\mathrm{M}}$$

$$c=\frac{n}{V_4}$$

式中　c——高锰酸钾的物质的量浓度，mol/L

n——高锰酸钾的物质的量，mol

V_4——高锰酸钾溶液的体积，L

m_3——高锰酸钾的质量，g

M——高锰酸钾的相对分子质量

【例4】配制100mL 0.1mol/L氢氧化钠溶液。

解：从题目可知，氢氧化钠溶液的物质的量浓度$c=0.1$mol/L，体积$V_4=100$mL，氢氧化钠的相对分子质量M＝40，则氢氧化钠的质量$m_3=c\mathrm{M}V_4=0.1\times40\times100/1000=0.4$（g）。

配制：准确称取氢氧化钠0.4g，加蒸馏水稀释至100mL，混匀。

5. 比例浓度（$V+V$、$m+m$）

容量比（$V+V$）是液体试剂相互混合或用溶剂稀释时的表示方法。质量比（$m+m$）是固体试剂相互混合时的表示方法，计算公式为：

$$\frac{V_5(m_4)}{V_6(m_5)}=\frac{A}{A+B}$$

式中　V_5（m_4）——溶液中溶质的体积（固体混合物中A比例的物质质量），mL或g

V_6（m_5）——溶液配制后的总体积（固体混合物的总质量），mL或g

A——溶液中溶质的比例数值

B——溶液中溶剂的比例数值

【例5】配制40mL（1+3）乙酸溶液。

解：从题目可知，乙酸溶液的总体积$V_6=40mL$，乙酸的比例数值$A=1$，蒸馏水的比例数值$B=3$，则乙酸的体积$V_5=40\times\frac{1}{1+3}=10$（mL），蒸馏水的体积$V_6-V_5=30$（mL）。

配制：准确量取乙酸10mL，缓慢倒入30mL蒸馏水中，混匀。

二、问题探究

1. 优级纯试剂和色谱纯试剂哪个纯度高?

这二者无法比较哪个纯度更高。首先它们都是指化学试剂的一种纯度规格。优级纯的化学纯度很高，杂质干扰较少。优级纯、分析纯、化学纯这三者是有比较性的，但是色谱纯，顾名思义是做色谱实验的时候使用的，色谱纯的溶剂在低波长处的透光率比较好，用于气相、液相实验的时候就必须使用色谱纯。

2. 在选择试剂时是否纯度越高越好?

不是。应根据检验方法的规定，正确合理地选择使用试剂，盲目追求高纯度只能造成试剂的浪费。

三、资源链接

一般溶液的配制课件

一般溶液的配制配套微课

提示

在整个任务实施过程中应遵守实验室用水、用电安全操作指南及实验室各项规章制度和玻璃器皿的安全使用规范。

任务实施

一、实验准备

配图	仪器与设备	操作说明
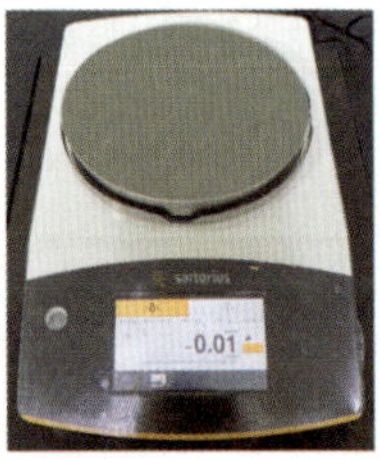	电子天平	称量完毕后，保持天平及周围操作台清洁

配图	仪器与设备	操作说明
	玻璃棒、烧杯、量筒、容量瓶、试剂瓶等	（1）洗涤玻璃仪器应符合要求，否则对分析结果的准确度和精确度均有影响； （2）量筒必须放平，读数时视线要跟量筒内液体的凹液面的最低处保持水平； （3）溶液应降至室温再进行定容

二、溶质及溶剂计算

溶液	计算公式	计算结果	操作说明
100mL 4%氯化钠溶液	$w_1=\frac{m_1}{m}$	氯化钠：4g 蒸馏水：96g	计算过程要认真、仔细，避免因计算错误造成溶液配制的失败
100mL65%乙醇溶液	$w_2=\frac{V_1}{V_2}\times100\%$	无水乙醇：65mL 加蒸馏水至100mL	
100mL 5g/L硫酸铜溶液	$\rho_1=\frac{m_2}{V_3}$	硫酸铜：0.5g	
100mL 0.1mol/L 高锰酸钾溶液	$n=\frac{m_3}{\mathrm{M}}$ $c=\frac{n}{V_4}$	高锰酸钾：1.58g	
40mL（1+3）盐酸溶液	$\frac{V_5\ (m_4)}{V_6\ (m_5)}=\frac{A}{A+B}$	盐酸：10mL 蒸馏水：30mL	

三、实施操作

溶液	配图	操作步骤	操作说明
（1）100mL 4%氯化钠溶液		（1）称取4.0g固体氯化钠于烧杯中	精确到±0.1g
		（2）称取96.0g蒸馏水与烧杯中	精确到±0.1g

溶液	配图	操作步骤	操作说明
（1）100mL 4%氯化钠溶液		（3）将称量好的蒸馏水倒入盛有氯化钠的烧杯中，搅拌至溶解	搅拌过程中切勿将液体溅出
		（4）装于试剂瓶中，贴标签，备用	存放于试剂瓶中
（2）100mL 65%乙醇溶液	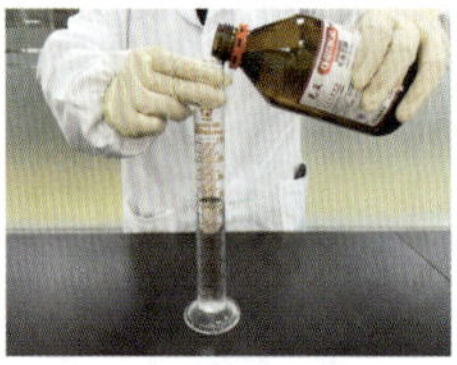	（1）用量筒准确量取65mL无水乙醇溶液	无水乙醇易挥发，注意量取过程要迅速，以免有较大误差
		（2）将65mL无水乙醇溶液移入容量瓶中	防止液滴溅出
	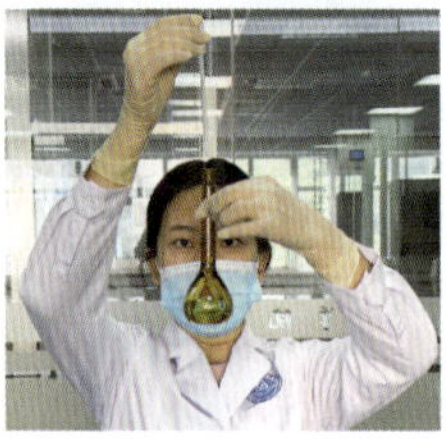	（3）加入蒸馏水至100mL	—
		（4）装于试剂瓶中，贴标签，备用	存放于试剂柜中

溶液	配图	操作步骤	操作说明
（3）100mL 5g/L硫酸铜溶液	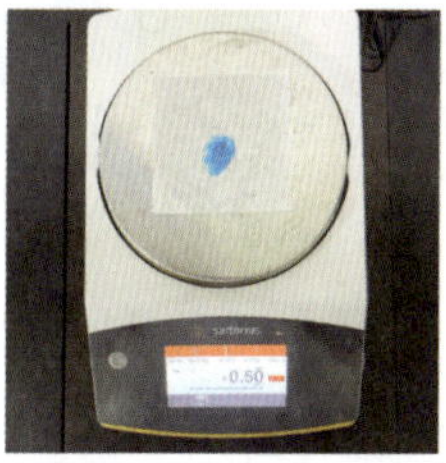	（1）称取0.50g硫酸铜于称量纸上	精确到±0.01g
		（2）倒入烧杯中，用少量蒸馏水进行溶解	蒸馏水不可超过100mL
	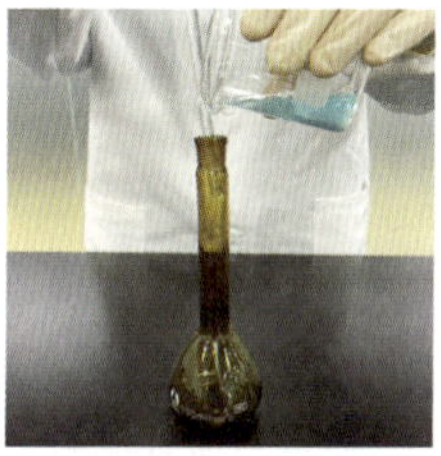	（3）溶解充分后，将溶液沿玻璃棒转移到100mL容量瓶中	小心转移，防止漏液
		（4）用蒸馏水洗涤烧杯和玻璃棒，并将洗涤液转入容器中，振荡，使溶液混合均匀	用蒸馏水洗涤烧杯和玻璃棒2～3次
	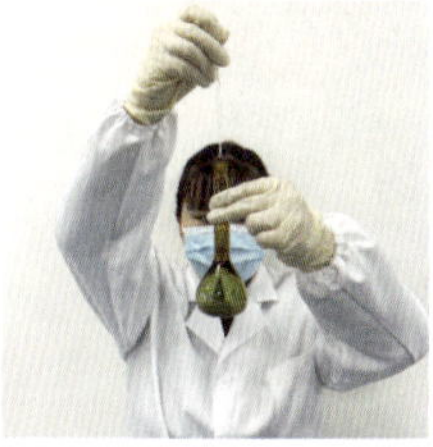	（5）向容量瓶中加水至刻度线以下1～2cm处时，改用胶头滴管加水，使溶液凹面最低点恰好与刻度线相切； （6）盖好瓶塞，反复上下颠倒，使溶液混合均匀	（1）读数时，不可俯视或仰视； （2）用食指顶住瓶塞，另一只手指托住瓶底，反复颠倒，混匀
		（7）装于试剂瓶中，贴标签，备用	存放于试剂柜中

溶液	配图	操作步骤	操作说明
（4）100mL 0.1mol/L 高锰酸钾溶液		（1）称取1.58g高锰酸钾于烧杯中	精确到±0.01g
	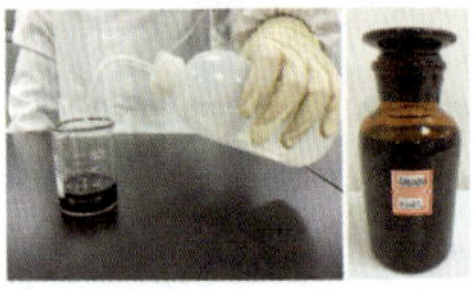	（2）用少量蒸馏水进行溶解，以下步骤同5g/L硫酸铜溶液的配制	溶解所需的蒸馏水体积切勿超出1000mL
（5）40mL（1+3）盐酸溶液		（1）量取30mL蒸馏水于烧杯中	量筒口需靠烧杯内壁，沥干1～2min
		（2）量取10mL浓盐酸	浓盐酸是易挥发、易燃、强腐蚀性试剂，使用时应在通风橱中操作
		（3）将浓盐酸倒入量取好的蒸馏水中溶解备用	将浓盐酸倒入水中，边倒边搅拌
		（4）装于试剂瓶中，贴标签，备用	存放于试剂柜中

评价反馈

“一般溶液的配制”考核评价表

学生姓名:＿＿＿＿＿＿　　班级:＿＿＿＿＿＿　　日期:＿＿＿＿＿＿

<table>
<tr><th>评价方式</th><th colspan="2">考核项目</th><th>评价项目</th><th>评价要求</th><th>不合格</th><th>合格</th><th>良</th><th>优</th></tr>
<tr><td rowspan="4">自我评价（10%）</td><td colspan="2" rowspan="2">相关知识</td><td>掌握计算溶液浓度的方法</td><td>相关知识输出正确（1分）</td><td rowspan="2">0</td><td rowspan="2">1</td><td rowspan="2">—</td><td rowspan="2">2</td></tr>
<tr><td>掌握溶液配制的方法</td><td>能说出一般溶液的配制方法（1分）</td></tr>
<tr><td colspan="2" rowspan="2">实验准备</td><td>能正确配制实验试剂</td><td>正确配制试剂（4分）</td><td rowspan="2">0</td><td rowspan="2">4</td><td rowspan="2">—</td><td rowspan="2">8</td></tr>
<tr><td>能正确准备仪器</td><td>仪器准备正确（4分）</td></tr>
<tr><td rowspan="2">学生互评（20%）</td><td colspan="2" rowspan="2">操作技能</td><td>能熟练进行不同浓度溶液的配制，（清洗、润洗、量取、溶解、转移、定容、摇匀、贴标签等）操作规范</td><td>实验过程操作规范熟练（15分）</td><td>0</td><td>5</td><td>10</td><td>15</td></tr>
<tr><td>能正确、规范记录结果并进行数据处理</td><td>原始数据记录准确、处理数据正确（5分）</td><td>0</td><td>2</td><td>4</td><td>5</td></tr>
<tr><td rowspan="10">教师学业评价（70%）</td><td>课前</td><td>通用能力</td><td>课前预习任务</td><td>课前任务完成认真（5分）</td><td>0</td><td>2</td><td>4</td><td>5</td></tr>
<tr><td rowspan="7">课中</td><td rowspan="4">专业能力</td><td rowspan="4">实际操作能力</td><td>能按照操作规范进行玻璃仪器清洗（10分）</td><td>0</td><td>3</td><td>6</td><td>10</td></tr>
<tr><td>玻璃仪器润洗方法正确（10分）</td><td>0</td><td>3</td><td>6</td><td>10</td></tr>
<tr><td>称量或量取操作正确（10分）</td><td>0</td><td>3</td><td>6</td><td>10</td></tr>
<tr><td>容量瓶的使用方法规范（10分）</td><td>0</td><td>3</td><td>6</td><td>10</td></tr>
<tr><td rowspan="3">工作素养</td><td>发现并解决问题的能力</td><td>善于发现并解决实验过程中的问题（5分）</td><td rowspan="3">0</td><td rowspan="3">5</td><td rowspan="3">10</td><td rowspan="3">15</td></tr>
<tr><td>时间管理能力</td><td>合理安排时间，严格遵守时间安排（5分）</td></tr>
<tr><td>遵守实验室安全规范</td><td>（实际使用、玻璃仪器使用）符合安全规范操作（5分）</td></tr>
<tr><td rowspan="2">课后</td><td rowspan="2">技能拓展</td><td>碘化钾溶液配制</td><td>正确规范完成（5分）</td><td rowspan="2">0</td><td rowspan="2">5</td><td rowspan="2">—</td><td rowspan="2">10</td></tr>
<tr><td>氢氧化钠溶液配制</td><td>正确规范完成（5分）</td></tr>
<tr><td colspan="5">总分</td><td colspan="4"></td></tr>
</table>

注：①每个评分项目里，如出现安全问题则为0分；
②本表与附录2《职业素养考核评价表》配合使用。

学习心得

拓展训练

- 完成50mL20%（*m*/*V*）的碘化钾溶液和100mL 0.1mol/L的氢氧化钠溶液的配制，绘制相关操作流程小报并录制视频。
（提示：利用互联网、国家标准、微课等。）
- 拓展所学任务，线上查找相关知识，加深对相关知识的学习。
（例如，中国大学MOOC https://www.icourse163.org/；智慧职教 https://www.icve.com.cn等。）

巩固反馈

1. 实验室用水等级可以分为________、________、________。
2. 以下化学试剂的等级适用于分析实验的是（　　）。
   A. 优级纯　　B. 分析纯
   C. 化学纯　　D. 色谱纯
3. 简述一般溶液的配制过程。
4. 学生课后总结所学内容，与老师和同学进行交流讨论并完成本任务的教学反馈。

拓展知识

电热干燥箱的使用

电热干燥箱是将电能转化成热能的设备，实验室常用的干燥箱有恒温干燥箱、鼓风干燥箱、电热真空干燥箱等。鼓风干燥箱在恒温干燥箱基础上增加了鼓风装置促使工作室内冷热空气对流保证箱内整体温度平衡。真空干燥箱为以真空环境工作的干燥装置，适用于一些特殊物质的干燥。电热干燥箱的具体操作如下：

配图	操作步骤	操作说明
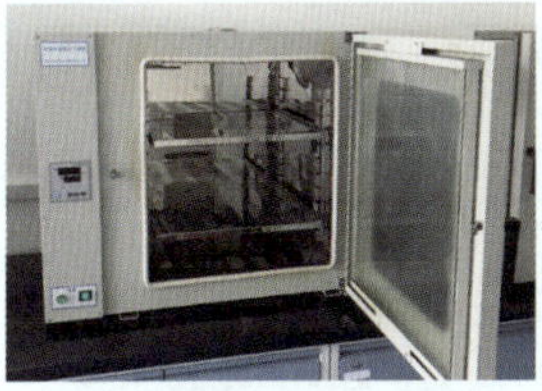	（1）实验开始前检查电热干燥箱周围环境是否整洁干燥，是否有断路、短路及漏电现象，内部气密性和清洁度等是否良好	（1）电热干燥箱周围无易燃、易爆及腐蚀性物质； （2）打开顶部排气孔排除箱内湿气，外壳要有效接地，保证安全； （3）电热干燥箱内应清洁干燥
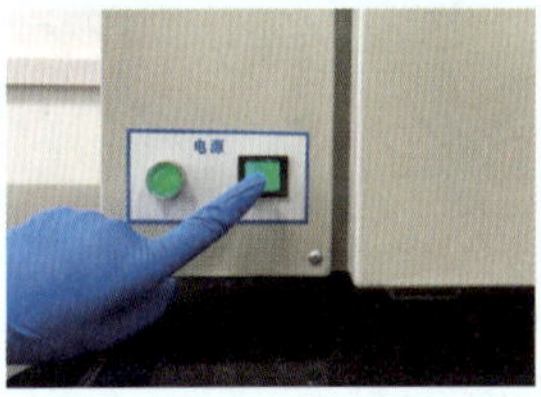	（2）打开电热干燥箱电源开关，指示灯亮，加热器准备就绪	通电时，绿色指示灯亮，使用过程中如有报警或者异味等，应及时断电检查
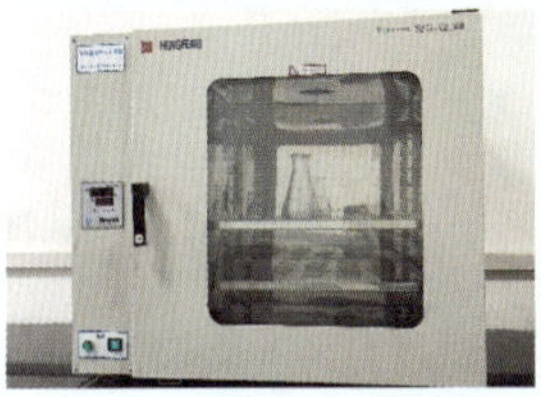	（3）将待干燥试剂平稳放入备好的电热干燥箱中，将箱门关好	（1）准备就绪，同时打开仪器顶部换气阀； （2）电热干燥箱中应清洁干燥且无易燃物，同时其周围不要过于拥挤，最下层工作台不放物品； （3）鼓风机无异常（无异常声响）
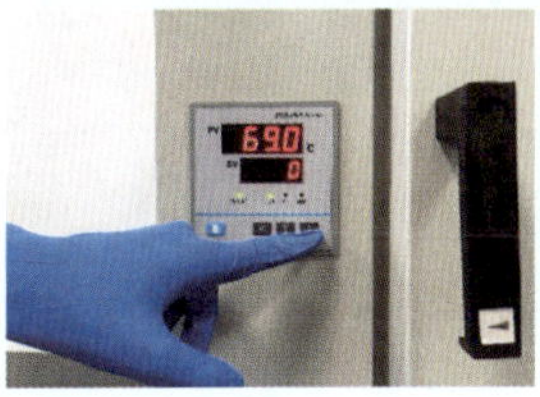	（4）设定加热温度：设定调节操作面板，同时单击设定键后单键操作，按住设定加“▲”键或设定减“▼”键不放，可快速调整到所需温度和时间	注意加热温度不能超过额定温度，以免损坏元器件

配图	操作步骤	操作说明
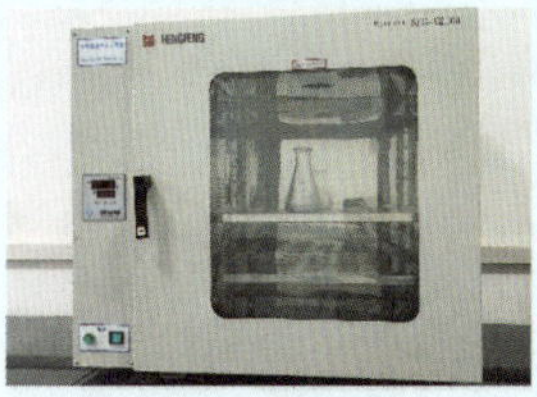	（5）恒温加热：当面板达到设定温度时表明箱内已达到设定温度并恒温加热	加热过程中注意应有专人看管，以免设定程序有问题，产生仪器报警等情况
	（6）达到干燥时间时，关闭电源，取样	注意在取放样品时要先关闭电源以免触电，取样品时务必注意自我防护避免烫伤
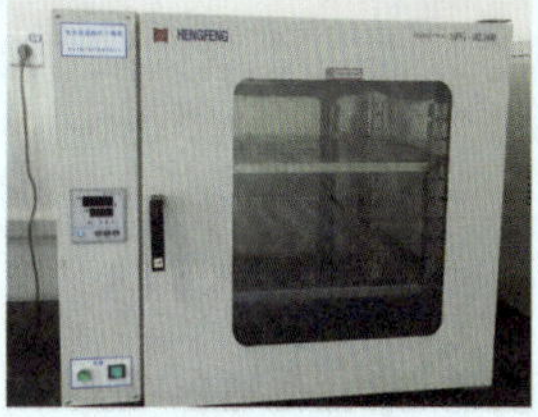	（7）关闭清洁：待电热干燥箱温度降至室温后，检查其内外清洁度，保证箱体整洁安全并断电	若长期不使用电热干燥箱，注意在拔下电源线插头的同时，周围环境应整洁干燥并应定期运行电热干燥箱和进行仪器自维护

任务 3　标准溶液的配制与标定

学习目标

知识目标	1．掌握标准溶液的配制与标定的原理。 2．掌握国家标准中规定的标准溶液标定要点。
技能目标	1．能够独立完成标准溶液的标定。 2．能准确判定滴定终点。 3．能独立完成数据处理。
素养目标	1．培养学生的食品检验的责任意识，使学生养成尊重客观数据，对检验过程严格、认真的良好行为习惯。 2．通过实验操作过程，引导学生遵守食品安全法律法规及行业标准。 3．能按照7s管理要求，做到实验过程清洁、安全、节约，具备检验员基本素养。

任务描述

标准溶液是用来测定物质含量的具有准确浓度的溶液，绝大部分的食品检测任务中都需要配制和使用标准溶液。本任务将配制和标定0.1mol/L的氢氧化钠标准溶液和盐酸标准溶液。依据GB/T 601—2016《化学试剂　标准滴定溶液的制备》中的氢氧化钠标准滴定溶液和盐酸标准滴定溶液的制备方法，我们将按照如图2-7所示的环节完成学习任务。

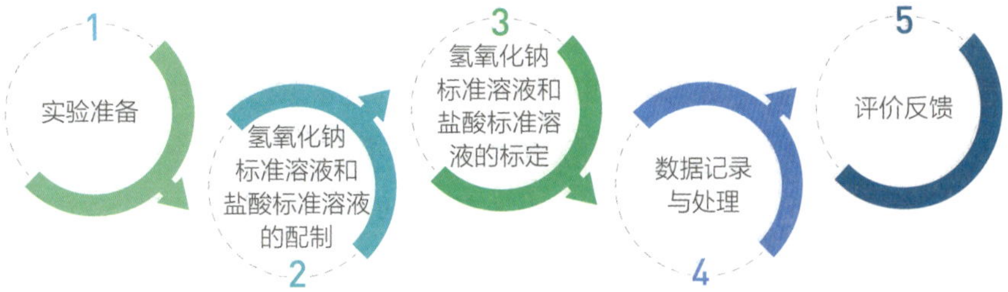

图2-7　“任务3　标准溶液的配制与标定”实施环节

任务要求

1．独立完成标准溶液的配制任务。

2．学会标定标准溶液的方法。

课前准备

一、学习资源准备

通过网络获取JJG 196—2006《常用玻璃量器检定规程》、GB/T 602—2002《化学试剂　杂质测定用标准溶液的制备》、GB/T 603—2023《化学试剂　试验方法中所用制剂及制品的制备》、GB/T 8170—2008《数值修约规则与极限数值的表示和判定》等相关资料。

二、完成预习任务

1．阅读学习相关资源，归纳标准溶液的配制与标定的相关知识。

2．绘制操作流程小报并初拟实验方案。

3．完成老师发布的预习小测验等相关预习任务，手机扫码完成课前测试。

标准溶液的配制与标定课前测试

三、完成课前讨论

1．完成《学情分析表》（附录1）。

2．在线提出预习中存在的问题，并进行相关讨论。

思政园地

《中华人民共和国食品安全法》规定食品检验实行食品检验机构与检验人负责制。食品检验报告应当加盖食品检验机构公章，并有检验人的签名或者盖章。食品检验机构和检验人对出具的食品检验报告负责。

知识链接

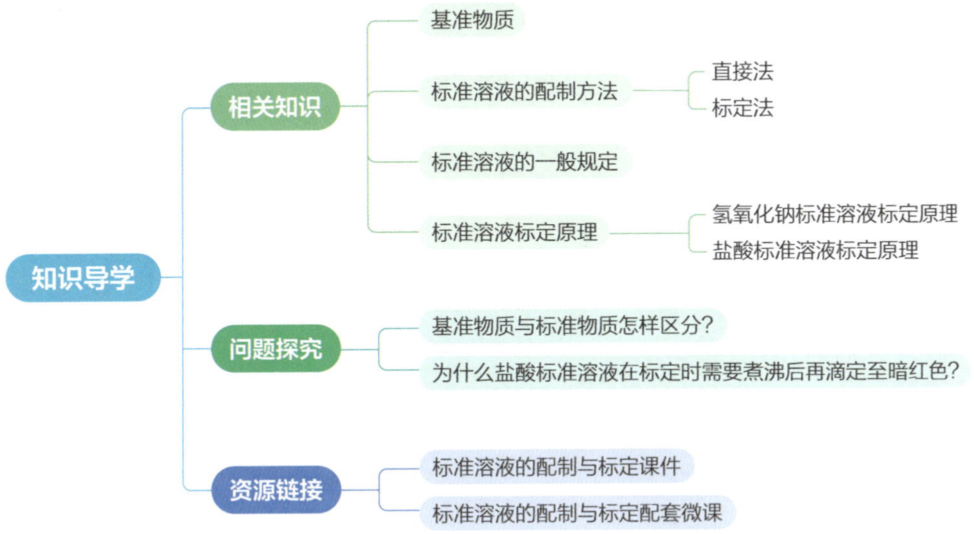

图2-8　“标准溶液的配制与标定”知识思维导图

一、相关知识

（一）基准物质

基准物质指分析化学中用于直接配制标准溶液或标定滴定分析中操作溶液浓度的物质。基准物质应符合以下要求。

（1）基准物质的组成与它的化学式应严格相符，若含结晶水，其结晶水的含量也应该与化学式相符合。

（2）纯度足够高，主成分含量在99.9%以上，且所含杂质不影响滴定反应的准确度。

（3）性质稳定，不易吸收空气中的水分、二氧化碳，不易被空气中的氧所氧化。

（4）参加反应时，按反应式定量地进行，不发生副反应。

（5）有较大的摩尔质量，在配制标准溶液时可以称取较多的量，以减少称量的相对误差。

实验室常用的基准物质及干燥条件和应用见表2-6。

表2-6　常用基准物质的干燥条件及应用

名称	分子式	干燥后的组成	干燥条件	标定对象
碳酸氢钠	$NaHCO_3$	Na_2CO_3	270～300℃	酸
十水合碳酸钠	$Na_2CO_3 \cdot 10H_2O$	$Na_2CO_3 \cdot 10H_2O$	270～300℃	酸
硼砂	$Na_2B_4O_7 \cdot H_2O$	$Na_2B_4O_7 \cdot H_2O$	放在装有NaCl和蔗糖饱和溶液的密闭器皿中	酸
二水合草酸	$H_2C_2O_4 \cdot 2H_2O$	$H_2C_2O_4 \cdot 2H_2O$	室温空气干燥	碱或$KMnO_4$
邻苯二甲酸氢钾	$KHC_8H_4O_4$	$KHC_8H_4O_4$	110～120℃	碱
重铬酸钾	$K_2Cr_2O_7$	$K_2Cr_2O_7$	140～150℃	还原剂
溴酸钾	$KBrO_3$	$KBrO_3$	130℃	还原剂
草酸钠	$Na_2C_2O_4$	$Na_2C_2O_4$	130℃	$KMnO_4$
草酸钙	CaC_2O_4	CaC_2O_4	110℃	EDTA
锌	Zn	Zn	室温干燥器中保存	EDTA
氯化钠	NaCl	NaCl	500～600℃	$AgNO_3$
硝酸银	$AgNO_3$	$AgNO_3$	220～250℃	氯化物

（二）标准溶液的配制方法

1. 直接法

准确称量一定量的基准物质，用适当溶剂溶解后以容量瓶定容。如果试剂符合基准物质的要求（组成与化学式相符、纯度高、稳定），可以直接配制标准溶液，即准确称出适量的基准物质，溶解后配制在一定体积的容量瓶内。

2. 标定法

很多物质不符合基准物质的条件，不适合直接配制标准溶液，可先配制成近似需要的浓度，再用基准物质或用已经被基准物质标定过的标准溶液来确定准确浓度。

（三）标准溶液的一般规定

依据GB/T 601—2023《化学试剂　标准滴定溶液的制备》，标准溶液有以下规定。

（1）除另有规定外，所用试剂的级别应在分析纯以上，所用制剂及制品，应按GB/T 603—2002的规定制备，实验用水应符合GB/T 6682—2008中三级水的规格。

（2）制备标准滴定溶液的浓度，除高氯酸外，均指20℃时的浓度。标准滴定溶液标定、直接制备和使用时所用分析天平、滴定管、单标线容量瓶、单标线吸量管等按相关检定规程定期进行检定或校准。

（3）在标定和使用标准滴定溶液时，滴定速度一般应保持在6～8mL/min。

（4）称量基准试剂的质量≤0.5g时，按精确至0.01mg称量；＞0.5g时，按精确至0.1mg称量。

（5）制备标准滴定溶液的浓度应在规定浓度的±5%以内。

（6）除另有规定外，标定标准滴定溶液的浓度时，需两人进行实验，分别做四组平行实验。在运算过程中保留5位有效数字，取两人八组平行标定结果的平均值为标定结果，结果取4位有效数字。

（7）标准滴定溶液浓度的相对扩张不确定度不大于0.2%。

（8）当对标准滴定溶液浓度的准确度有更高要求时，可使用标准物质代替工作基准试剂进行标定或直接制备，并在计算标准滴定溶液浓度时，将其质量分数代入计算式中。

（9）标准滴定溶液的浓度小于或等于0.02mol/L时，应于临用前将浓度高的标准滴定溶液用煮沸并冷却的水稀释，必要时重新标定。

（10）标准滴定溶液在10～30℃，保存时间一般不超过2个月。当标准滴定溶液出现混浊、沉淀、颜色变化等现象时，应重新制备。

（11）贮存标准滴定溶液的容器的材料不应与溶液发生理化作用，容器壁最薄处不小于0.5mm。

（四）标准溶液标定原理

1. 氢氧化钠标准溶液标定原理

由于氢氧化钠具有很强的吸湿性，也容易吸收空气中的水分及CO_2，因而会影响实验测定的准确度，所以以邻苯二甲酸氢钾为基准物质标定氢氧化钠溶液，反应式如下：

$$KHC_8H_4O_4+NaOH = NaKC_8H_4O_4+H_2O$$

1mol（$KHC_8H_4O_4$）与1mol NaOH完全反应，到化学计量点时，溶液呈碱性，pH约为9，可选用酚酞作指示剂，滴定溶液由无色变为浅粉色，30s不褪色即为滴定终点。

2. 盐酸标准溶液标定原理

浓盐酸易挥发，不能直接配制成准确浓度的盐酸溶液，因此，将盐酸稀释成所需溶液的近似浓度，然后用基准物质无水碳酸钠标定，反应式如下：

$$2HCl+Na_2CO_3 = 2NaCl+H_2CO_3$$

反应以溴甲酚绿-甲基红作为指示剂，用盐酸溶液滴定至锥形瓶中溶液由绿色变为暗红色，加热煮沸2min，冷却后继续滴定至溶液呈暗红色为终点。指示剂变色点pH为3.9。

二、问题探究

1. 基准物质与标准物质怎样区分?

基准物质：也可称为基准试剂，是在分析化学中用于直接配制标准溶液或标定滴定分析中操作溶液浓度的物质。

标准物质：用基准物质标定的，浓度通过计算已知的，用于标定未知样品的物质。

2. 为什么盐酸标准溶液在标定时需要煮沸后再滴定至暗红色?

盐酸标定反应由于产生H_2CO_3使滴定突跃不明显，指示剂颜色变化不够敏锐，因此，接近滴定终点之前，要把溶液加热煮沸，并摇动以赶走CO_2，在冷却后再滴定。

三、资源链接

标准溶液的配制与标定课件

标准溶液的配制与标定配套微课

提示

在整个任务实施过程中应遵守实验室用水、用电安全操作指南及实验室各项规章制度和玻璃器皿的安全使用规范。

任务实施

一、实验准备

配图	仪器与设备	操作说明
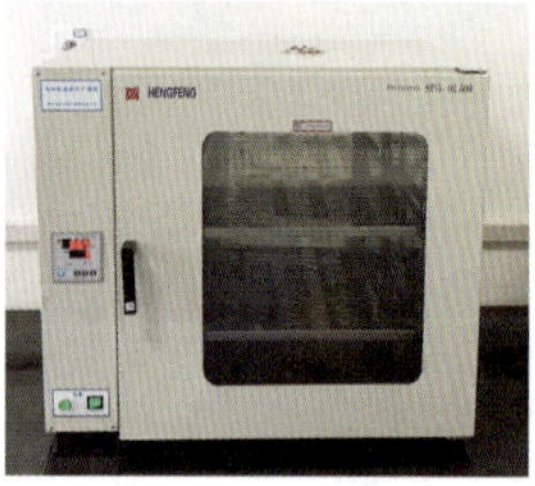	电热干燥箱	（1）电热干燥箱外壳必须良好、有效接地，以保证安全； （2）电热干燥箱在工作时，必须将风机开关打开，使其运转，否则箱内温度和测量温度误差很大，还会使电机或传感器烧坏
	马弗炉	（1）开关马弗炉炉门时，应轻开轻关，以防炉门受损，密封不严； （2）实验完毕后，关掉电源，在炉膛内放取样品时，应先微开炉门，待样品稍冷却后再小心夹取样品，防止烫伤

配图	仪器与设备	操作说明
	分析天平（感量为0.001g）	称量完毕后，及时取出被称物品，并保持天平清洁
	干燥器	同项目二任务1中干燥器的操作说明
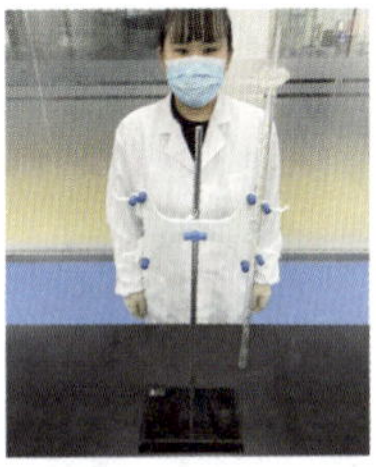	铁架台、碱式滴定管	（1）滴定管可以选用通用型滴定管； （2）滴定管使用前必须试漏并以待测液润洗； （3）读数时，滴定管必须保持垂直
	称量皿、锥形瓶、量筒、容量瓶	（1）洗涤玻璃仪器应符合要求，否则对分析结果的准确度和精确度均有影响； （2）量筒必须放平，视线要跟量筒内液体的凹液面的最低处保持水平； （3）溶液应降至室温再进行定容

二、实施操作

1. 试剂配制

名称及配图	配制方法	操作说明
酚酞指示剂 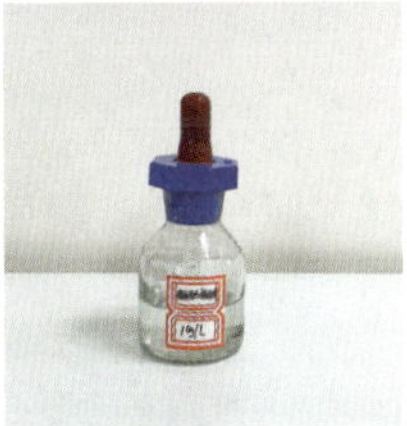	称取0.5g酚酞溶于75mL体积分数为95%的乙醇中，并加入20mL水，然后滴加氢氧化钠溶液至酚酞溶液为微粉色，再加水定容至100mL	同项目二任务3中酚酞指示剂的操作说明

名称及配图	配制方法	操作说明
溴甲酚绿-甲基红 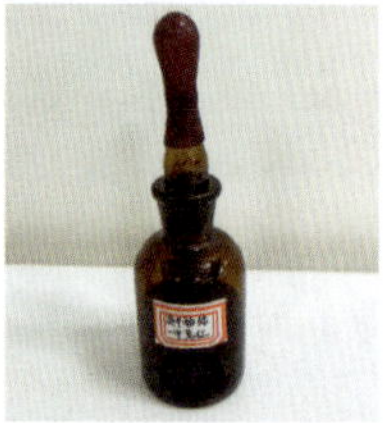	（1）溶液1：准确称取0.1g溴甲酚绿，溶于95%乙醇，用95%乙醇稀释至100mL； （2）溶液2：准确称取0.2g甲基红，溶于95%乙醇，用95%乙醇稀释至100mL； （3）取30mL溶液1和10mL溶液2，混匀	配制好的溶液若出现沉淀或颜色不准确的现象是由于仪器洗涤不彻底或配制过程中操作方法有误导致的，需要重新配制

2. 标准溶液的配制

标准溶液	配图	操作步骤	操作说明
（1）0.1mol/L氢氧化钠标准溶液的配制	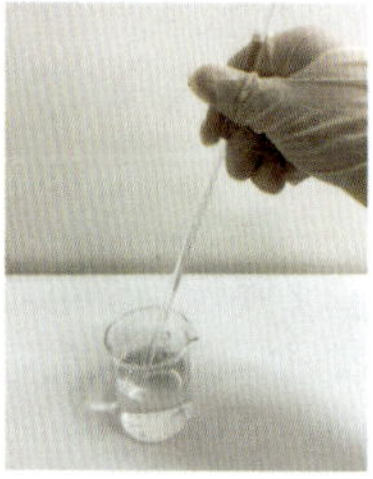	（1）称取110g氢氧化钠溶于100mL无二氧化碳的水中，摇匀	无二氧化碳的水需要现用现制
	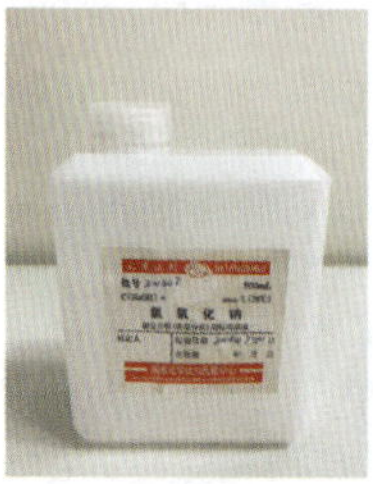	（2）注入聚乙烯容器中，密闭放置至溶液清亮	盛装容器只能是聚乙烯容器，不能使用玻璃容器
	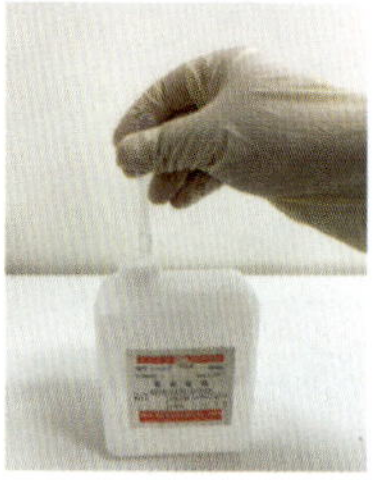	（3）用塑料管量取上层清液5.4mL，用无二氧化碳的水稀释到1000mL，摇匀	小心操作，避免被碱性试剂腐蚀灼伤
（2）0.1mol/L盐酸标准溶液的配制	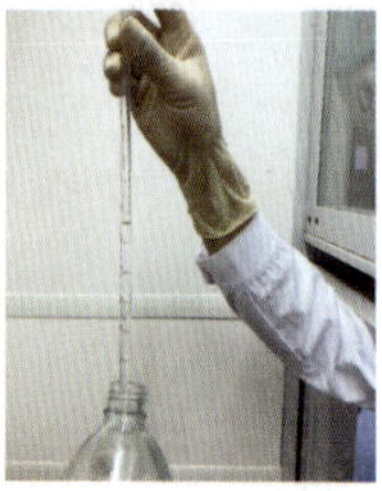	（4）吸取9mL盐酸，加水定容至1000mL	吸取盐酸时要戴手套小心操作，避免被强酸腐蚀灼伤

3. 标准溶液的标定

标准溶液	配图	操作步骤	操作说明
（3）0.1mol/L氢氧化钠标准溶液的标定	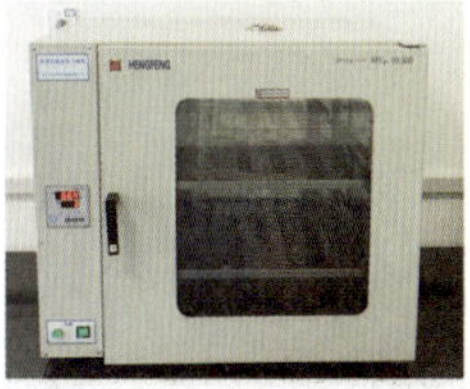	（1）基准试剂的前处理：将于105～110℃电热干燥箱中干燥至恒重的邻苯二甲酸氢钾，置于干燥器中冷却后备用	注意电热干燥箱的使用规范
		（2）称取已恒重的邻苯二甲酸氢钾固体0.75g于锥形瓶中，加入50mL无二氧化碳的水	（1）记录的基准试剂称量质量应精确至±0.0001g；（2）无二氧化碳的水可用新沸过的水制成
		（3）加入2滴酚酞指示剂	酚酞的变色范围是pH8.2～10.0
	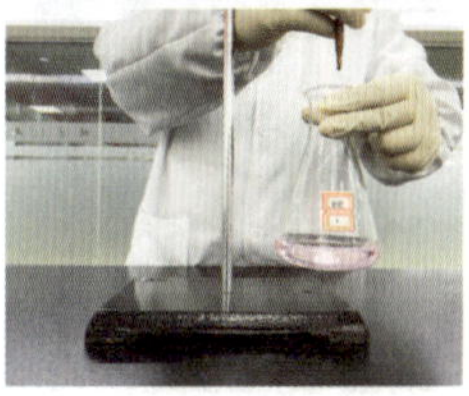	（4）用配制好的氢氧化钠溶液滴定至邻苯二甲酸氢钾溶液呈粉红色，并保持30s，同时做空白实验	（1）操纵滴定管活塞时手的姿势正确，手心不能顶活塞；（2）空白实验数值不能太高，若是太高，应找出原因，重新测定
（4）0.1mol/L盐酸标准溶液的标定		（1）基准试剂的前处理：将无水碳酸钠置于270～300℃马弗炉中灼烧至恒重	注意马弗炉的安全使用
		（2）称取0.2g恒重的无水碳酸钠	记录的基准试剂称量质量应精确至±0.0001g
		（3）加入50mL的蒸馏水，搅拌溶解	小心搅拌

标准溶液	配图	操作步骤	操作说明
（4）0.1mol/L盐酸标准溶液的标定		（4）加10滴溴甲酚绿-甲基红指示剂	锥形瓶中溶液变为蓝色
		（5）用配制好的盐酸标准溶液滴定至锥形瓶中溶液变为暗红色，煮沸2min，冷却后继续滴定至其稳定为暗红色，同时做空白实验	（1）挤压滴定管的橡胶管时，要使橡胶管与玻璃珠之间留有空隙，让溶液能由缝隙流出，不可垂直用力同时挤压橡胶管与玻璃珠； （2）空白实验数值不能太高，若是太高，应找出原因，重新测定

4. 记录原始数据

将实验原始数据填入表2-7和表2-8。

表2-7　氢氧化钠标定原始记录表

<table>
<tr><td>样品</td><td></td><td colspan="2">检测方法</td><td></td><td>检测项目</td><td></td></tr>
<tr><td colspan="4">样品编号</td><td>Ⅰ</td><td>Ⅱ</td><td>Ⅲ</td></tr>
<tr><td colspan="3">邻苯二甲酸氢钾的质量（g）</td><td>m_1</td><td></td><td></td><td></td></tr>
<tr><td colspan="3">消耗氢氧化钠标准溶液的体积（mL）</td><td>V_1</td><td></td><td></td><td></td></tr>
<tr><td colspan="3">空白实验消耗氢氧化钠标准溶液的体积（mL）</td><td>V_2</td><td></td><td></td><td></td></tr>
<tr><td colspan="3">氢氧化钠标准溶液的浓度（mol/L）</td><td>C_{NaOH}</td><td></td><td></td><td></td></tr>
<tr><td colspan="3">氢氧化钠标准溶液的平均浓度（mol/L）</td><td>$\overline{C}_{NaOH}$</td><td colspan="3"></td></tr>
<tr><td colspan="7">计算公式</td></tr>
</table>

表2-8　盐酸标定原始记录表

<table>
<tr><td>样品</td><td></td><td colspan="2">检测方法</td><td></td><td>检测项目</td><td></td></tr>
<tr><td colspan="4">样品编号</td><td>Ⅰ</td><td>Ⅱ</td><td>Ⅲ</td></tr>
<tr><td colspan="3">无水碳酸钠的质量（g）</td><td>m_2</td><td></td><td></td><td></td></tr>
<tr><td colspan="3">消耗盐酸标准溶液的体积（mL）</td><td>V_3</td><td></td><td></td><td></td></tr>
<tr><td colspan="3">空白实验消耗盐酸标准溶液的体积（mL）</td><td>V_4</td><td></td><td></td><td></td></tr>
<tr><td colspan="3">盐酸标准溶液的浓度（mol/L）</td><td>C_{HCl}</td><td></td><td></td><td></td></tr>
<tr><td colspan="3">盐酸标准溶液的平均浓度（mol/L）</td><td>$\overline{C}_{HCl}$</td><td colspan="3"></td></tr>
<tr><td colspan="7">计算公式</td></tr>
</table>

5. 原始数据处理

（1）氢氧化钠标定计算公式

$$C_{NaOH}=\frac{m_1\times1000}{(V_1-V_2)\times204.22}$$

式中　m_1——邻苯二甲酸氢钾的质量，g

V_1——消耗氢氧化钠标准溶液的体积，mL

V_2——空白实验消耗氢氧化钠标准溶液的体积，mL

C_{NaOH}——氢氧化钠标准溶液的浓度，mol/L

204.22——邻苯二甲酸氢钾的摩尔质量，g/mol

（2）盐酸标定计算公式

$$C_{HCl}=\frac{m_2\times1000}{(V_3-V_4)\times52.994}$$

式中　C_{HCl}——盐酸标准溶液的浓度，mol/L

m_2——无水碳酸钠的质量，g

V_3——消耗盐酸标准溶液的体积，mL

V_4——空白实验消耗盐酸标准溶液的体积，mL

52.994——无水碳酸钠的摩尔质量，g/mol

评价反馈

“标准溶液的配制与标定”考核评价表

学生姓名:__________ 班级:__________ 日期:__________

评价方式	考核项目		评价项目	评价要求	不合格	合格	良	优
自我评价（10%）	相关知识		掌握标准溶液及其浓度测定方法	相关知识输出正确（1分）	0	1	—	2
			掌握标准溶液浓度测定原理	能利用检测原理正确解释实验现象（1分）				
	实验准备		能正确配制实验试剂	正确配制试剂（4分）	0	4	—	8
			能正确准备仪器	仪器准备正确（4分）				
学生互评（20%）	操作技能		能熟练进行标准溶液浓度的测定,（编号、清洗、润洗、装液、排气泡、调零、滴速、放液、站姿、终点判断、读数等）操作规范	实验过程操作规范熟练（15分）	0	5	10	15
			能正确、规范记录结果并进行数据处理	原始数据记录准确、处理数据正确（5分）	0	2	4	5
教师学业评价（70%）	课前	通用能力	课前预习任务	课前任务完成认真（5分）	0	2	4	5
	课中	专业能力	实际操作能力	正确解读国家标准（10分）	0	3	6	10
				操作规范，准确判断滴定终点（10分）	0	3	6	10
				对实验数据进行准确读取并记录（5分）	0	1	3	5
				对实验结果进行正确数据处理（10分）	0	3	6	10
				结果真实，字迹工整，报告规范（5分）	0	1	3	5
		工作素养	发现并解决问题的能力	善于发现并解决实验过程中的问题（5分）	0	5	10	15
			时间管理能力	合理安排时间，严格遵守时间安排（5分）				
			遵守实验室安全规范	遵守实验室安全规范（润洗、装液、排气泡、滴定时无液体飞溅，实验台面整洁）（5分）				
	课后	技能拓展	0.05mol/L氢氧化钠标准溶液的配制与标定	正确规范完成（5分）	0	5	—	10
			0.05mol/L盐酸标准溶液的配制与标定	正确规范完成（5分）				
总分								

注：①每个评分项目里，如出现安全问题则为0分；
②本表与附录2《职业素养考核评价表》配合使用。

学习心得

拓展训练

- 完成0.05mol/L氢氧化钠标准溶液和0.05mol/L盐酸标准溶液的配制与标定，绘制相关操作流程小报并录制视频。
  （提示：利用互联网、国家标准、微课等。）
- 拓展所学任务，线上查找相关知识，加深对相关知识的学习。
  （例如，中国大学MOOC https://www.icourse163.org/；智慧职教 https://www.icve.com.cn等。）

巩固反馈

1. 需要放置于聚乙烯容器中保存的溶液是（　　）。
   A. 酸溶液　　B. 碱溶液
   C. 具有还原性的溶液　　D. 具有氧化性的溶液
2. 基准试剂邻苯二甲酸氢钾的干燥恒重方式是（　　）。
   A. 置于电热干燥箱中恒重　　B. 置于马弗炉中恒重
   C. 置于实验台上恒重　　D. 置于干燥器中恒重
3. 基准试剂无水碳酸钠的干燥恒重方式是（　　）。
   A. 置于电热干燥箱中恒重　　B. 置于马弗炉中恒重
   C. 置于实验台上恒重　　D. 置于干燥器中恒重

4. 标定氢氧化钠标准溶液时，滴定终点溶液变为（　　）。

A. 粉红色　　B. 蓝色

C. 暗红色　　D. 无色

5. 标定盐酸标准溶液时，以溴甲酚绿–甲基红溶液为指示剂，滴定终点溶液变为（　　）。

A. 粉红色　　B. 蓝色

C. 暗红色　　D. 无色

6. 学生课后总结所学内容，与老师和同学进行交流讨论并完成本任务的教学反馈。

项目三

样品的采集与制备

学习目标

知识目标	1．能通过独立查阅资料，获取样品采集的目的，并说出样品采集的原则。 2．能通过小组合作，描述理化检测中样品采集和制备的方法。
技能目标	1．能正确查找相关资料，独立获取样品制备的标准。 2．能按照操作规范，判别并完成样品的采集和制备。
素养目标	1．能通过采样意义的学习，培养依照法律、法规和食品安全标准从事生产经营活动的意识，以及加强食品安全和诚信自律的意识，具备社会责任感。 2．能通过任务检测过程，培养科学、严谨、细致的职业精神和精益求精的工匠精神。 3．能够按现场7S及相关标准，整理现场和处理废弃物，具备认真细致的态度，严格执行企业安全作业规定。

任务描述

食品理化检测工作流程包括样品的采集、制备、预处理、检验、数据处理、结果判定、撰写报告等，其中样品的采集是食品检验的第一步。保障食品采样环节的质量，是食品卫生监督管理部门的重要职责。现要对某农贸市场中的西蓝花进行抽检，依据GB/T 30642—2014《食品抽样检验通用导则》、NY/T 2103—2011《蔬菜抽样技术规范》的规定，按照如图3-1所示的环节进行西蓝花的采集与制备。

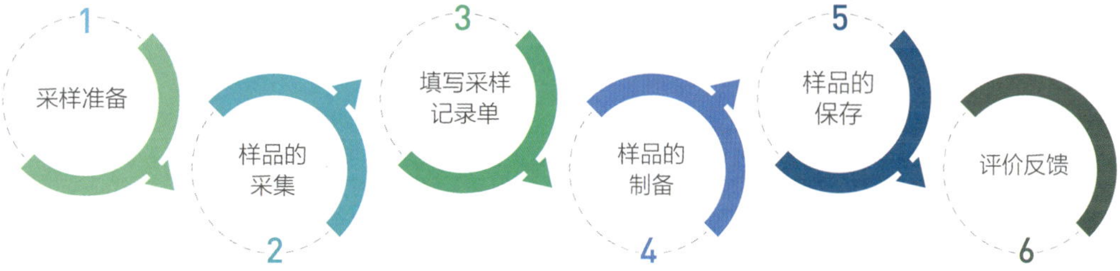

图3-1 “项目三 样品的采集与制备”实施环节

任务要求

1. 独立完成西蓝花样品的采集。
2. 独立完成西蓝花样品的制备。

课前准备

一、学习资源准备

通过网络获取SB/T 10314—1999《采样方法及检验规则》、CAC/GL 83/—2013《国际食品贸易中采样和检测方法使用原则》、NY/T 2103—2011《蔬菜抽样技术规范》、NY/T 789—2004《农药残留分析样本的采样方法》、NY/T 762—2004《蔬菜农药残留检测抽样规范》、GB/T 30642—2014《食品抽样检验通用导则》、GB/T 15687—2008《动植物油脂 样品的制备》、GB/T 18654.2—2008《养殖鱼类种质检验　第2部分：抽样方法》等相关资料。

二、完成预习任务

1. 阅读学习相关资源，归纳食品采样的相关知识。
2. 绘制操作流程小报并初拟实验方案。
3. 完成老师发布的预习小测验等相关预习任务，手机扫码完成课前测试。

样品的采集与制备课前测试

三、完成课前讨论

1. 完成《学情分析表》（附录1）。
2. 在线提出预习中存在的问题，并进行相关讨论。

思政园地

《中华人民共和国食品安全法》规定食品生产经营者应当依照法律、法规和食品安全标准从事生产经营活动，保证食品安全，诚信自律，对社会和公众负责，接受社会监督，承担社会责任。

知识链接

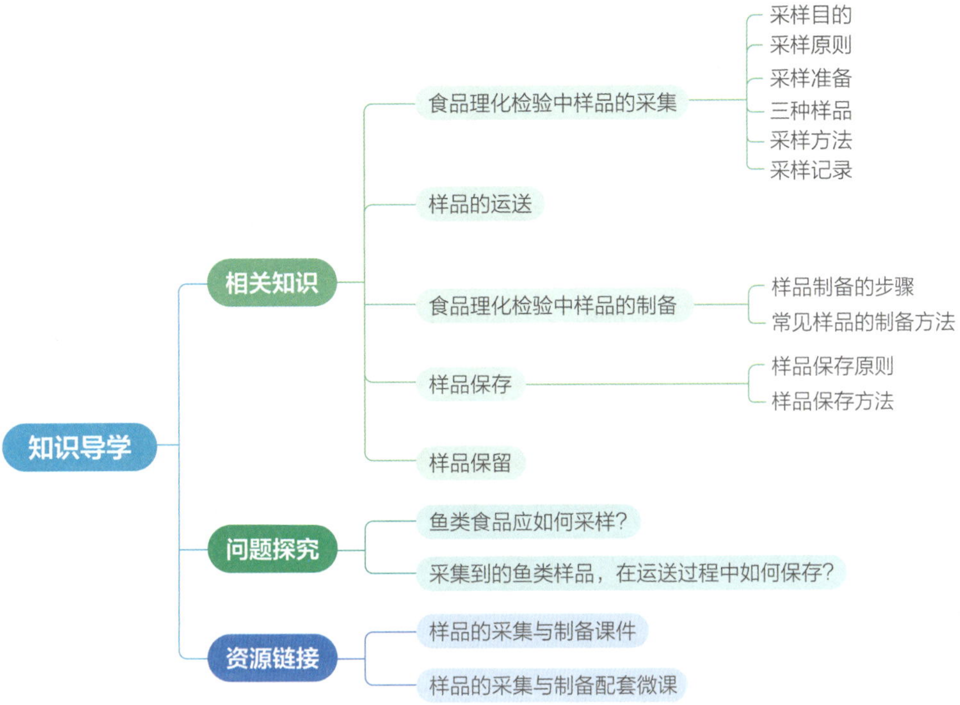

图3-2　“样品的采集与制备”知识思维导图

一、相关知识

食品的品种多样，成分复杂，来源广泛。食品分析检测的项目、目的及要求各不相同，但在进行食品分析检测前都需要进行样品采集和制备。样品是指从某一总体中抽出的一部分，食品采样需从较大批量食品中抽取能较好地代表其总体的样品。食品卫生监督部门或食品企业自身为了解和判断食品的营养与卫生质量，或为了查明食品在生产过程中的卫生状况，可进行采样检验。

(一)食品理化检验中样品的采集

1. 采样目的

食品采样的主要目的是鉴定食品的营养价值和卫生质量，包括食品中营养成分的种类、含量等；食品及其原料、添加剂、设备、容器、包装材料中是否存在有毒有害物质及存在的有毒有害物质的种类、性质、来源、含量、危害等。食品采样是进行营养指导、开发营养保健食品和新资源食品、强化食品的卫生监督管理、制定国家食品卫生质量标准以及进行营养与食品卫生学研究的基本手段和重要依据。

2. 采样原则

（1）真实性　采样人员应亲临现场采样，防止在采样过程中发生作假或伪造样品的情况。所有采样用具都应清洁、干燥、无异味、无污染食品的可能。应尽量避免使用对样品可能造成污染或影响检验结果的采样工具和采样容器。

（2）代表性　在大多数情况下，待鉴定食品不可能全部进行检测，而只能抽取其中的一部分作为样品，通过对样品的检测来推断该食品总体的营养价值或卫生质量。因此，所采的样品应是能够较好地代表全部被检物质的分析样品。若所采集的样品缺乏代表性，即使后续检验工作非常精密、准确，其结果都难以反映总体的情况。

（3）准确性　性质不同的样品必须分开包装，并应视为来自不同的总体。采样方法应符合要求，采样的数量应满足检验及留样的需要。可根据感官性状进行分类或分档采样。采样记录务必清楚地填写在采样单上（采样单紧附于样品）。

（4）及时性　采样应及时，采样后也应及时送检。尤其是检测样品中水分、微生物等易受环境因素影响的指标，或样品中含有挥发性物质或易分解破坏的物质时，应及时赴现场采样并尽可能缩短从采样到送检的时间。

3. 采样准备

（1）采样调查　采样前必须审查待鉴定食品的相关证件，了解该批食品的原料来源、加工方法、运输保藏条件、销售中各环节的卫生状况、生产日期、批号、规格等。明确采样目的，确定采样件数，准备采样用具，制订合理可行的采样方案和抽样单。

（2）采样用具

①采样器：固体采样器一般有长柄匙、金属探管（子）、采样铲、半圆形金属管、小斧、凿子等；液体采样器一般有吸量管、烧杯、勺子、玻璃棒等。

②盛装器：液体或半液体样品盛装器常为用防水防油材料制成的带塞玻璃瓶、广口瓶、塑料瓶等；盛装固体或半固体样品可用广口玻璃瓶、不锈钢或铝制盒或盅、搪瓷盅、塑料袋等。盛装样品的容器应密封，内壁光滑、清洁、干燥，不含有待鉴定物质及干扰物质。容器及其盖、塞应不影响样品的气味、风味、pH及食物成分。

③辅助工具：手套、剪刀、开罐器、笔、记录表、标签、手电筒、工作服、手套、口罩、照相机等。

4. 三种样品

样品一般分三种，对应不同的采样程序依次是检样、原始样品和平均样品。

（1）检样　从组批或货批中所抽取的样品。

（2）原始样品　许多份检样综合在一起的样品。

（3）平均样品　在原始样品的基础上进行技术处理后，再抽取以供分析检验的样品。样品平均分为三份，分别供检验、复验与备查或仲裁用，平均样品的数量应能反映该食品的卫生质量和满足检验项目对样品量的需要，每份样品一般不应少于0.5kg。

5. 采样方法

样品采集一般采用随机采样和代表性采样两种方法，随机采样是按照随机原则，从大批样品中取部分样品，确保每个样品被采取的机会均等。代表性采样是根据样品的空间位置和时间变化的规律采样。通常情况下两种方法相结合使用，具体取样方法因分析对象的性质而异。

（1）液体食品（如植物油、鲜乳、酒类、液态调味品、饮料等） 散装（池、缸、桶、罐）或包装（铝桶、铁桶、塑料桶）内的液体、半固体食品，搅拌均匀后，可采用虹吸法，按照“三层五点法”采样，即从样品的上、中、下三层的四角和中央部位取等量样品（图3-3）。流动液体可定时定量从输出的管口取样，混合后再采样。

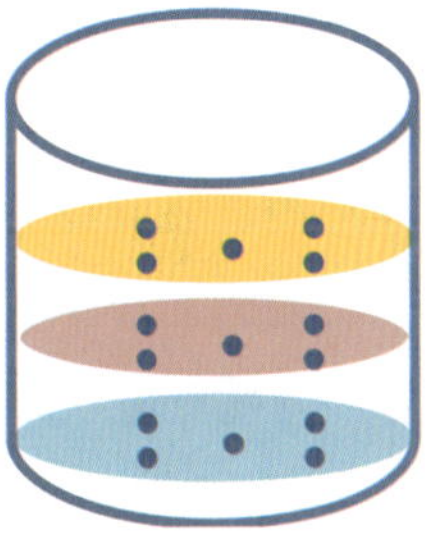

图3-3　液体食品的“三层五点法”采样图

（2）散装固体食品（如粮食、油料种子、豆类、花生等） 可采用“三层五点法”或“四分法”采样，即先将样品的上、中、下三层的四角和中央部位取等量样品，让其充分混合均匀，然后放在干净的平面瓷盘、塑料盘或塑料薄膜上，铺成厚度均匀的圆形或方形，画出两对角线，将样品分为四等份，取对角位置的两份样品，再按上述方法分取，直到剩下的对角位置样品数量接近采样要求为止（图3-4）。

图3-4　“四分法”采样图

粮堆、库房、船舱、车厢里堆积的食品，可用“三层五点法”进行初步采样（图3-5），混合均匀后的样品再按照“四分法”进行最终采样。

图3-5　堆积食品的“三层五点法”采样图

大面积平铺散装的食品，可先分区，每区面积不超过50m^2，并各设四角和中央五个点，两区以上者在相邻两区的分界线上的两个点为共有点，例如两区共设八个点，三区共设十一个点，以此类推（图3-6），各点采样数量一致，混合均匀后按照“四分法”进行最终采样。

对正在传送的散装食品，可从食品传送带上定时、定量采样。

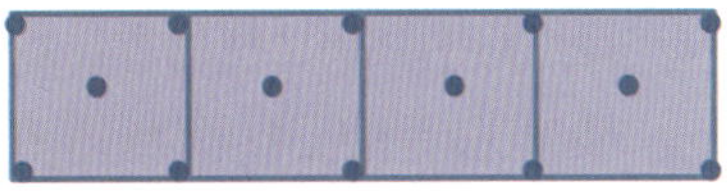

图3-6　四角和中心采样图（<50m^2）

（3）包装食品　大包装食品，根据采样件数＝$\sqrt{总计数/2}$或$\sqrt{总件数}$计算，取一定件数的样品。如果数量太多，可将样品再按此公式取样，重复操作直到得到所需数量，然后打开包装，按照上述“三层五点法”

或“四分法”进行采样。

袋装、瓶装、罐装的定型小包装食品（每包＜500g），可按生产日期、班次、包装、批号随机采样。

水果可取一定的个数。同一批号的完整小包装食品，每包≥250g的取样不得少于6个，每包＜250g的取样不得少于10个。

（4）不均匀食品（如蔬菜、鱼、肉、蛋等） 根据检验目的和要求，从不同个体的同一部位采样，或从具有代表性的各个部位采样，然后经过充分混合得到样品。

肉类：从整体各部位取样（不包括骨及毛发）。

鱼类：大鱼从头、体、尾各部位取样；小鱼可取2～3条。

蔬菜：葱、菠菜等可取整棵；圆白菜、青菜等可从中心剖开成2个或4个对称部分，取其中1～2个对称部分。

蛋类：可按一定个数取样，也可根据检验目的将蛋黄、蛋清分开取样。

（5）变质、污染的食品及食物中毒的可疑食品 可根据检验目的，结合食品感官性状、污染程度、特征等分别采样，切忌其样品与正常食品相混。

6. 采样记录

对现场采样进行记录，内容包括检测项目、品名、数量、批号、生产日期、产品数量、包装类型及规格、加工方法、贮运条件（包括起运日期）、销售卫生情况等，还应写明采样单位和被采样单位的名称、地址、电话，采样日期、容器、数量、采样时的气象条件，检验项目，标准依据及采样人等。无采样记录单的样品，不应接受检验。

采样后填写采样收据应一式两份，由采样单位和采样人签名盖章并分别保存。还应填写送检单，内容包括样品名称、生产厂名、生产日期、检验项目、采样日期，有些样品应简要说明现场及包装情况，采样时做过何种处理等。

观察该批食品的整体情况，包括感官性状、品质、贮藏、包装情况等。有包装的食品，应检查其包装有无破损、变形、受污染；未经包装的食品要检查食品的外观，有无发霉、变质、虫害、污染等。并应将这些食品按感官性质的不同及污染程度的轻重分别采样。

（二）样品的运送

采好的样品应放在干燥洁净的容器内，密封、避光存放，并在尽可能短的时间内送至实验室，如不能及时运送到，冷冻样品应存放入-20℃冰箱或冷藏库内，易腐蚀食品存放于0～4℃冰箱或冷库中。

运送途中要防止样品漏、散、损坏、挥发、潮解、氧化分解、污染变质等。

如果送检样品经感官检查已不符合食品卫生标准或已有明显的腐败变质，可不必再进行理化检验，直接判为不合格产品。

标签标明存放、运输条件的食品，样品存放、运输条件要与之相符。

样品最好由专人送检，如需托运的必须将样品包装好，其包装应能防破损、防解冻、防腐蚀、防样品形态变化。做好样品运送记录，写明运送条件、日期、到达地点及其他需要说明的情况，并由运送人签字。

（三）食品理化检验中样品的制备

按采样规程采取的样品往往数量过多，或颗粒过大，或组成不均匀，因此用做检验的样品必须制成平均样品，确保分析结果的准确性，对分析样品进行适当制备，确保取任何部分都能较好地代表全部待鉴定食品的特征。应根据待鉴定食品的性质和检测要求采用不同的制备方法。

1. 样品制备的步骤

（1）去除非食用部分　食品理化检验中用于分析的样品一般是指食品的可食用部分。对其中的非食用部分，应该预先去除。对于植物性食品，根据品种不同去除根、皮、茎、柄、叶、壳、核等非食用部分；对于动物性食品需去除羽毛、鳞爪、骨、胃肠内容物、胆囊、甲状腺、皮脂腺、淋巴结等；对于罐头食品，应注意清除其中的果核、葱和辣椒等调味品。

（2）除去机械杂质　所检验的食品样品应该去除生产和加工中可能混入的机械杂质，如植物种子、茎、叶、泥沙、金属碎屑、昆虫等异物。

（3）均匀化处理　食品样品在采集时已经切碎或混匀，但还不能达到分析的要求，通常在检验前，必须进一步均匀化，使检验样品的组成尽可能均匀一致，取出其中任何一部分都能获得无显著性差异的检验结果。

2. 常见样品的制备方法

（1）固体样品　对于比较干燥的固体样品，为了使样品颗粒度均匀，在样品粉碎后应通过标准分样筛，一般应通过20～40目分样筛，或根据分析方法的要求过筛；高水分食品（如蔬菜、水果等）多用匀浆法；肉类用绞碎法或研磨法。常用的工具有粉碎机、组织捣碎机、研钵。

（2）液体或浆体样品　如牛乳、饮料、植物油及各种液体调味品等的样品，需将其充分搅拌均匀，常用的搅拌工具是玻璃搅拌棒及电动搅拌棒。

（3）罐头样品　水果罐头在捣碎前需清除果核；肉禽罐头应预先剔除骨头；鱼类罐头要将调味品（如葱、辣椒等）分出后再捣碎，常用捣碎工具有高速组织捣碎机等。

（4）蛋类样品　蛋类去壳后用打蛋器打匀。

（5）能溶于水或有机溶剂的样品　可用溶解法处理。

（6）互不相溶的液体样品　分离后，分别采样。

（四）样品保存

1. 样品保存原则

（1）防止污染　凡接触样品的器皿、工具、手等必须清洁，不应带入新的污染物，并加盖密封。

（2）防止丢失　某些待检成分易挥发、易降解（如有机磷农药等）及不稳定（如维生素C等），可结合这些物质的特性与其检测方法加入某些溶剂与试剂，使待检成分处于稳定状态。

（3）防止水分变化　防止样品中水分蒸发或干燥食品吸湿，前者可先测其水分，保存烘干样品，然后折算成新鲜样品中的水分含量；后者可存放在密封的干燥器中。

（4）防止腐败变质　动物性食品极易腐败变质，可采取低温冷藏，以降低酶活性及抑制微生物生长繁殖。

2. 样品保存方法

（1）低温冰箱保存，世界卫生组织（WHO）建议以-15℃保存动物性食品的新鲜样品。

（2）放入无菌密闭容器（如聚乙烯袋、聚乙烯瓶等）中保存。

（3）充入惰性气体（如氮气）置换出容器中的空气。

（五）样品保留

样品在检验结束后一般应保留至少一个月，以备复验，保留期限从检验报告单签发之日算起。易变质食品不予保留，保留样品应加封后存放在适当的地方，并尽可能保持原状。留样方法可根据食品种类、性质、检验项目、保留条件及合同中的有关规定决定。

对检验结果有怀疑或有争议时，可对样品进行复验。在国际贸易中，双方在交货时，如对食品的质量是否符合合同中的规定产生分歧，也需进行复验，如双方争执较大，还应由双方一起采样，再将样品送至权威和公正的第三方检验机构进行仲裁检验。

二、问题探究

1. 鱼类食品应如何采样?

大鱼从头、体、尾各部位取样，小鱼可取2～3条。

2. 采集到的鱼类样品，在运送过程中如何保存?

采集好的样品应放在干燥洁净的容器内，密封、避光存放，并在尽可能短的时间内送至实验室，如不能及时运送到实验室，冷冻样品应存放入-20℃的冰箱或在包装容器内加适量冷却剂或冷冻剂，以保证运输途中样品不升温、不化冻。

三、资源链接

样品的采集与制备课件

样品的采集与制备配套微课

> **提示**
> 在整个任务实施过程中应遵守实验室用水、用电安全操作指南及实验室各项规章制度和玻璃器皿的安全使用规范。

任务实施

一、采样准备

1. 编制方案

编制采集西蓝花样品的方案，内容包含采样人员、采样地点、采样时间、样品名称、采样数量、采样方法等。

2. 采样文件

（1）采样人员证件　采样人员应出示相关证件的原件。

（2）抽检任务调查文件　该调查文件包括该批食品的原料来源、加工方法、运输保藏条件、销售中各环节的卫生状况、生产日期、批号、规格等。

（3）《食品安全监测采样单》　一式四份，第一份留抽样单位，第二份留被抽样单位，第三份随样品，第四份交于任务下达单位。

3. 采样工具

<table>
<tr><th>配图</th><th>工具与设备</th><th>操作说明</th></tr>
<tr><td>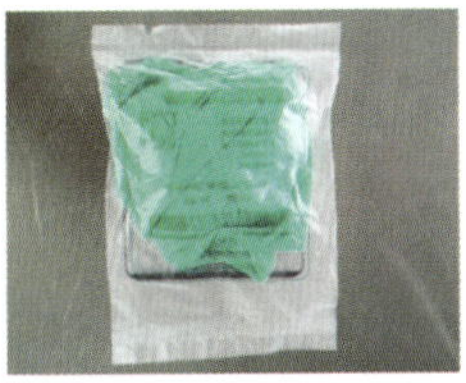</td><td>一次性手套</td><td rowspan="2">保证用具洁净、干燥、无异味，不会对样品造成污染</td></tr>
<tr><td>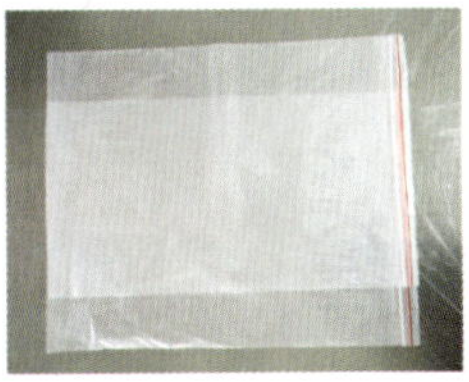</td><td>样品袋</td></tr>
</table>

配图	工具与设备	操作说明
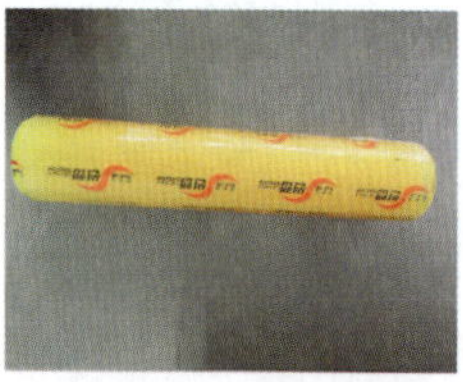	保鲜膜	保证用具洁净、干燥、无异味，不会对样品造成污染
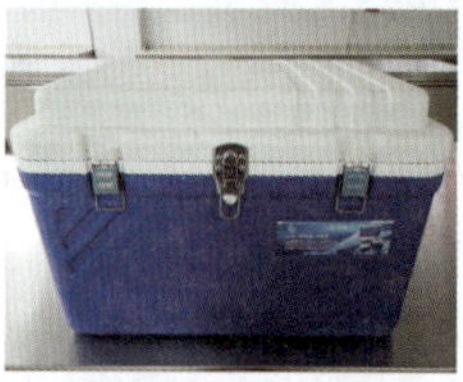	冷藏箱	
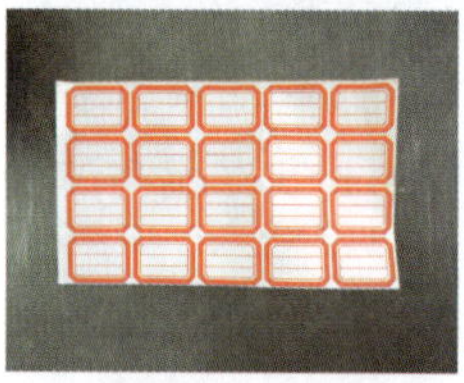	标签	
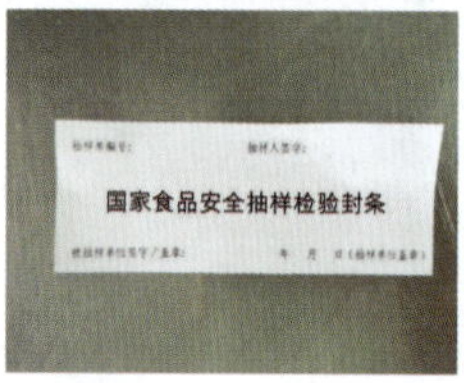	封条	

4. 采样人员

每一抽样点的采样人员不可少于2人，至少1人应负责对采样工作流程的具体实施及相关情况的协调处理。

二、样品的采集

1. 西蓝花样品采集程序

配图	操作步骤	操作说明
	（1）采样人员向受检单位出示采样人员证件、抽检任务调查文件、说明采样内容	出示材料要符合规范

配图	操作步骤	操作说明
	（2）使用一次性手套，随机抽取西蓝花样品，除去样品上的泥土、黏附物及萎蔫部分，每抽一个样品应更换一次手套	（1）样品应无明显淤伤、腐烂、长菌； （2）采样过程中所有用具都要保证不会对样品造成二次污染
	（3）从同一西蓝花摊位的上、中、下分层取样，每层从四周和中央五点取样，采样人员和受检单位人员共同确认样品的真实性和代表性	（1）同一摊位抽取的同一产地、同一种类蔬菜样品为一个批次； （2）每点采样量为0.5～0.7kg
	（4）在现场认真填写《食品安全监测采样单》，准备记录采样的相关信息，双方签字，盖单位公章，一式四联	（1）《食品安全监测采样单》填写信息准确，字迹清晰、工整； （2）如遇特殊情况不能抽检，应及时向任务下达单位汇报情况
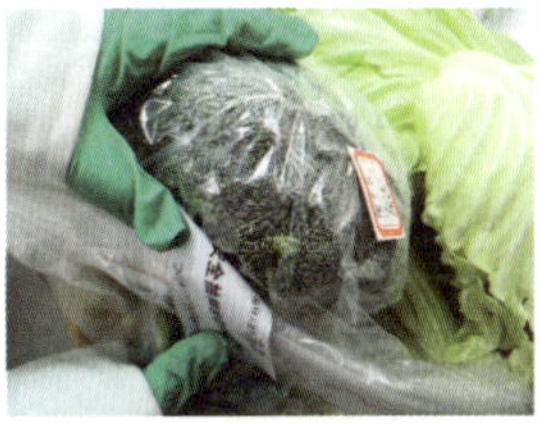	（5）抽取样品用保鲜膜包好，放入样品袋中密封，封条上标明封样时间，并由双方代表共同签字	（1）允许保鲜袋上打小孔通风； （2）样品袋一旦打开后不能恢复原状
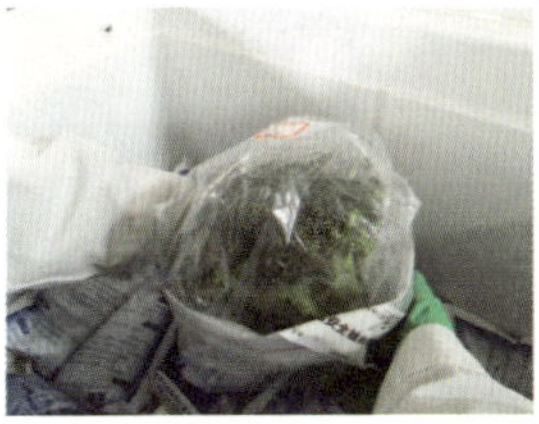	（6）样品袋上要贴样品标识，将样品袋放入冷藏箱中，于24h内运送到实验室	（1）标识包括样品名称、编号和抽样时间； （2）适当包裹样品，避免与冷冻剂接触冻伤； （3）样品原则上不准邮寄或托运，应当由抽样人员随身携带； （4）样品运输过程中，应有措施保证样品完整、新鲜，避免被污染

2. 填写采样记录表（表3-1）

表3-1 食品安全监测采样单

（食品监督抽检和风险监测单）

采样单编号： No：

任务来源				任务类别	□监督抽检 □风险监测 □案件稽查 □事故调查 □突发事件	
受检单位信息	单位名称			区域类型	□城市 □乡村 □景点	
	单位地址					
	许可证编号		社会信用代号		营业执照号	
	法人代表		联系人		传真	
	电话		手机			
采样地点	生产环节：□原辅料库 □生产线 □半成品库 □成品库（□待检区 □已检区） □留样区 □其他（ ） 流通环节：□农贸市场 □批发市场 □商场 □超市 □小食杂店 □便利店 □网购 □其他（ ） 餐饮环节：餐馆（□特大型餐馆 □大型餐馆 □中型餐馆 □小型餐馆 □微型餐馆） 食堂（□机关食堂 □学校/托幼食堂 □企事业单位食堂 □建筑工地食堂） □集体用餐配送单位 □中央厨房 □其他（ ）					
样品信息	样品来源	□加工/自制 □委托生产 □外购 □其他				
	样品属性	□普通食品 □特殊食品				
	样品类型	□食用农产品 □工业加工食品 □餐饮加工食品 □食品添加剂 □食品相关产品 □其他（ ）				
	样品名称			商标		
	□生产日期 □加工日期 □购进日期	年 月 日		规格型号		
	样品批号			保质期		
	执行标准/技术文件			质量等级		
	生产许可证编号		单价		进口食品	□是 □否
	采样基数		采样数量（含备样）		备样数量	
	样品形态	□固体 □半固体 □液体 □气体			包装分类	□散装 □包装

续表

<table>
<tr><td rowspan="2">（标称）生产者信息</td><td>生产者名称</td><td colspan="5"></td></tr>
<tr><td>生产者地址</td><td colspan="3"></td><td>联系电话</td><td></td></tr>
<tr><td>（标称）样品贮存条件</td><td colspan="3">□常温　□冷藏　□冷冻　□避光
□密闭　□其他（　　　　）</td><td>寄送样品地址</td><td colspan="2"></td></tr>
<tr><td>抽样样品包装</td><td colspan="3">□玻璃瓶　□塑料瓶　□塑料袋
□无菌袋　□其他（　　　　）</td><td>采样方式</td><td colspan="2">□无菌采样　□非无菌采样</td></tr>
<tr><td rowspan="2">采样单位信息</td><td>单位名称</td><td colspan="2"></td><td>地址</td><td colspan="2"></td></tr>
<tr><td>联系人</td><td></td><td>联系电话</td><td></td><td>邮编</td><td></td></tr>
<tr><td>备注</td><td colspan="6"></td></tr>
<tr><td colspan="4">受检单位对采样程序、过程、封样状态及表中内容无异议。

受检单位（盖章）:

经办人（签名）:　　　年　月　日</td><td colspan="3">采样单位（公章）:

采样人（签名）:　　　年　月　日</td></tr>
</table>

注：本表由受检单位协助采样单位工作人员如实填写。

三、样品的制备

1. 准备工作

<table>
<tr><th>配图</th><th>用具与设备</th><th>操作说明</th></tr>
<tr><td></td><td>刀</td><td rowspan="3">保证用具洁净、干燥、无异味，不会对样品造成污染</td></tr>
<tr><td>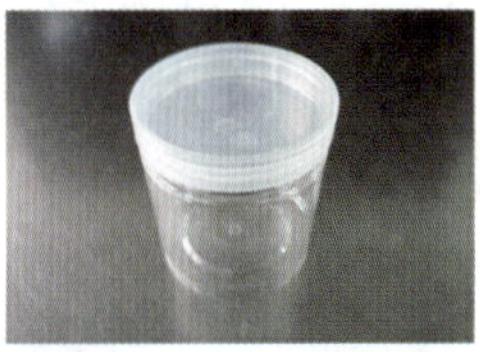</td><td>聚乙烯瓶</td></tr>
<tr><td>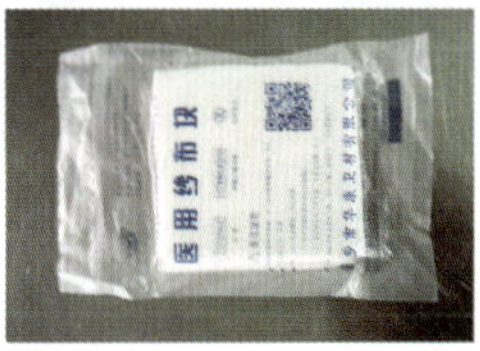</td><td>纱布</td></tr>
</table>

配图	用具与设备	操作说明
	组织捣碎机	（1）在开机之前，必须检查电源与电机上的电压是否相符； （2）此机不宜空转，使用时必须放入待测物品

2. 西蓝花样品制备程序

配图	操作步骤	操作说明
	（1）取出封存的样品，用干净纱布轻轻擦去样品表面的附着物，如果样品附着泥土太多，可用流水冲洗干净，并擦干	（1）选择在整洁、无污染的场所打开； （2）打开样品袋线，用75%酒精棉对样品袋表面进行消毒处理
	（2）按生长轴纵剖为4份，从对角线位置取2份	所用刀具应做灭菌处理
	（3）将取用部分切碎，充分混匀，用“四分法”取不少于1kg的混合样品放入组织捣碎机中制成匀浆	使用时切勿让组织捣碎机空转，否则容易烧毁其电动机
	（4）取2份300g左右的匀浆放入聚乙烯瓶中，在-20～-16℃条件下保存	避免工具间的交叉污染

评价反馈

"样品的采集与制备"考核评价表

学生姓名：__________　　班级：__________　　日期：__________

<table>
<tr><th>评价方式</th><th colspan="2">考核项目</th><th>评价项目</th><th>评价要求</th><th>不合格</th><th>合格</th><th>良</th><th>优</th></tr>
<tr><td rowspan="4">自我评价（10%）</td><td colspan="2" rowspan="2">相关知识</td><td>掌握样品采集的程序</td><td>相关知识输出正确（1分）</td><td rowspan="2">0</td><td rowspan="2">1</td><td rowspan="2">—</td><td rowspan="2">2</td></tr>
<tr><td>掌握样品制备的方法</td><td>能按照样品采集和制备程序进行操作（1分）</td></tr>
<tr><td colspan="2" rowspan="2">实验准备</td><td>能正确准备采样工具</td><td>采样工具准备正确（4分）</td><td rowspan="2">0</td><td rowspan="2">4</td><td rowspan="2">—</td><td rowspan="2">8</td></tr>
<tr><td>能正确准备制备工具</td><td>制备工具准备正确（4分）</td></tr>
<tr><td rowspan="2">学生互评（20%）</td><td colspan="2" rowspan="2">操作技能</td><td>能熟练进行样品的采集和制备，（采集、制备等）操作规范</td><td>实验过程操作规范熟练（15分）</td><td>0</td><td>5</td><td>10</td><td>15</td></tr>
<tr><td>能正确、规范记录原始数据并进行数据处理</td><td>原始数据记录准确、处理数据正确（5分）</td><td>0</td><td>2</td><td>4</td><td>5</td></tr>
<tr><td rowspan="10">教师学业评价（70%）</td><td>课前</td><td>通用能力</td><td>课前预习任务</td><td>课前任务完成认真（5分）</td><td>0</td><td>2</td><td>4</td><td>5</td></tr>
<tr><td rowspan="8">课中</td><td rowspan="5">专业能力</td><td rowspan="5">实际操作能力</td><td>正确解读国家标准（5分）</td><td>0</td><td>1</td><td>3</td><td>5</td></tr>
<tr><td>能按照操作规范，准确进行样品采集（10分）</td><td>0</td><td>3</td><td>6</td><td>10</td></tr>
<tr><td>能按照操作规范，规范进行相关单据的填写（10分）</td><td>0</td><td>3</td><td>6</td><td>10</td></tr>
<tr><td>能按照操作规范，准确进行样品制备（10分）</td><td>0</td><td>3</td><td>6</td><td>10</td></tr>
<tr><td>结果记录真实，字迹工整，报告规范（5分）</td><td>0</td><td>1</td><td>3</td><td>5</td></tr>
<tr><td rowspan="3">工作素养</td><td>发现并解决问题的能力</td><td>善于发现并解决实验过程中的问题（5分）</td><td rowspan="3">0</td><td rowspan="3">5</td><td rowspan="3">10</td><td rowspan="3">15</td></tr>
<tr><td>时间管理能力</td><td>合理安排时间，严格遵守时间安排（5分）</td></tr>
<tr><td>遵守实验室安全规范</td><td>（样品的采集、制备）符合安全规范操作（5分）</td></tr>
<tr><td>课后</td><td>技能拓展</td><td>肉类样品的制备</td><td>正确规范完成（10分）</td><td>0</td><td>5</td><td>—</td><td>10</td></tr>
<tr><td colspan="5">总分</td><td colspan="4"></td></tr>
</table>

注：①每个评分项目里，如出现安全问题则为0分；
②本表与附录2《职业素养考核评价表》配合使用。

学习心得

拓展训练

- 完成肉类样品的制备，并进行视频录制上传至学习平台。
  （提示：预先去除肉类样品中的非可食部分，洗净沥干，取可食部分放入绞肉机中绞碎。）
- 在学习讨论区分享学习心得。

巩固反馈

1. 在抽样之前先将总体的样品划分为若干层，然后从各个层中抽取一定数量的样品组成一个样本是以下哪种抽样方法（　　）。

   A. 简单随机抽样　　B. 系统抽样

   C. 分层抽样　　D. 整群抽样

2. 用研钵或磨粉机磨碎并混合均匀的样品制备方法适用于（　　）。

   A. 液体或浆体或悬浮体　　B. 含水量较低的食品

   C. 含水量较高的食品　　D. 西蓝花

3. 简述西蓝花样品制备的流程。

4. 总结本任务实验操作中的不规范之处，并写出改进措施。

5. 你是如何理解7S管理规范的？ 在操作过程中如何体现7S管理规范？

项目四　食品的物理检验

任务1　白酒的酒精度检测

学习目标

知识目标

1. 了解酒精度的概念、酒精度检测在食品卫生检验中的意义。
2. 掌握白酒的酒精度的检测原理。
3. 掌握白酒的酒精度的检测流程。

技能目标

1. 能正确查找相关资料获取酒精度的检验方法。
2. 能够独立进行白酒的酒精度的检测。
3. 能完成白酒的酒精度的检测结果记录与报告。

素养目标

1. 通过分析白酒安全事件，培养学生诚信意识，普及食品安全知识。
2. 通过小组合作学习，培养学生学习的主动性及按时完成工作任务的时间意识。
3. 能够按现场7S及相关标准，整理现场和处理废弃物，具备认真细致的态度，严格执行企业安全作业规定。

任务描述

白酒的酒精度是反映白酒品质的一项重要指标。本任务将测定白酒的酒精度，进而判断白酒的品质，依据GB 5009.225—2023《食品安全国家标准　酒和食用酒精中乙醇浓度的测定》中的密度瓶法，我们将按照如图4-1所示的环节完成学习任务。

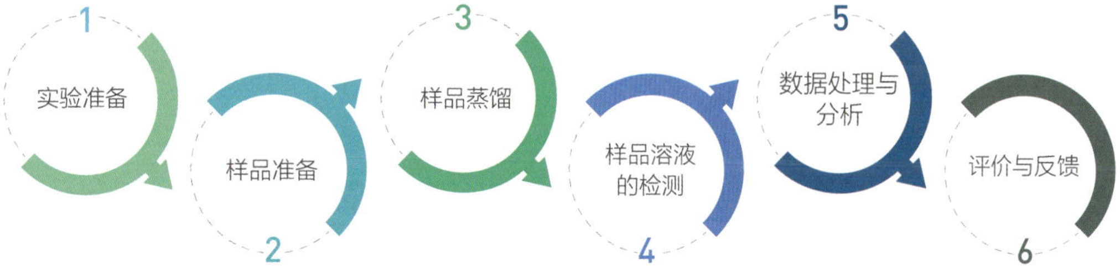

图4-1　“任务1　白酒的酒精度检测”实施环节

任务要求

1．独立完成白酒酒精度的检测任务。

2．学会判断白酒酒精度的方法。

课前准备

一、学习资源准备

通过网络获取JJG 196—2006《常用玻璃量器检定规程》、GB 5009.225—2023《食品安全国家标准　酒和食用酒精中乙醇浓度的测定》、GB/T 8170—2008《数值修约规则与极限数值的表示和判定》。

二、完成预习任务

1．阅读学习相关资源，归纳白酒的酒精度的测定相关知识。

2．绘制操作流程小报并初拟实验方案。

3．完成老师发布的预习小测验等相关预习任务，手机扫码完成课前测试。

白酒的酒精度检测课前测试

三、完成课前讨论

1．完成《学情分析表》(附录1)。

2．在线提出预习中存在的问题，并进行相关讨论。

思政园地

《中华人民共和国食品安全法》规定食品行业协会应当加强行业自律，按照章程建立健全行业规范和奖惩机制，提供食品安全信息、技术等服务，引导和督促食品生产经营者依法生产经营，推动行业诚信建设，宣传、普及食品安全知识。

知识链接

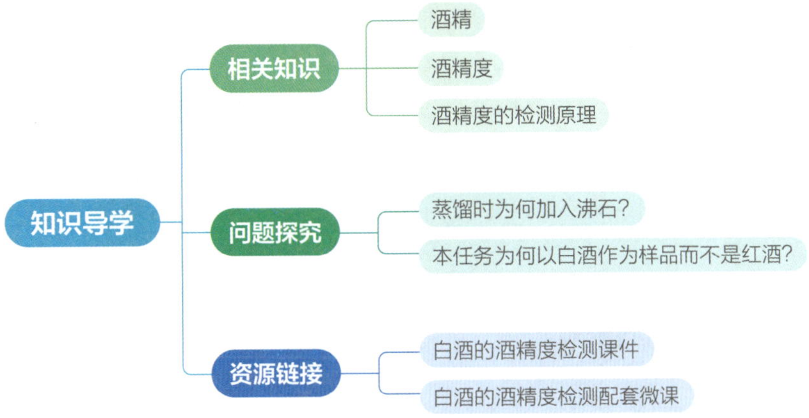

图4-2 “白酒的酒精度检测”知识思维导图

一、相关知识

（一）酒精

酒精又称乙醇，分子式为C_2H_6O。乙醇在常温常压下是一种易燃、易挥发的无色透明液体，低毒性，其蒸气能与空气形成爆炸性混合物，能与水以任意比互溶。

（二）酒精度

酒精度即酒精的度数，表示酒中乙醇的体积占酒体积的百分比（V/V），例如：7%（V/V），其意思是每100单位体积的酒中含有7单位体积的乙醇（100L酒中含有7L的乙醇）。

（三）酒精度的检测原理

以蒸馏法去除样品中的不挥发性物质，用密度瓶法测出样品20℃时的密度，通过查询酒精水溶液相对密度与酒精度对照表，求得在20℃时样品乙醇浓度（酒精度）。

二、问题探究

1. 蒸馏时为何加入沸石?

蒸馏时加入沸石是为了防止液体暴沸。液体中的气泡或杂质在沸腾过程中起着汽化核的作用。（只有液体中存在汽化核时，高于沸点的液体才能围绕汽化核进行汽化形成气泡，即液体沸腾。）当液体中缺少气泡或杂质时，即使温度达到并超过了沸点，也不会沸腾，则形成过热液体。过热液体是不稳定的，如果过热液体的外部环境温度急剧下降或侵入气泡（或杂质），则会形成剧烈的沸腾，并伴有爆裂声，这种现象称暴沸。暴沸的结果是使液体的温度回到沸点。暴沸有时是危险的，应当增加液体中的气泡或杂质防止暴沸的发生。加入沸石可以防止暴沸就是因为沸石的空隙中含有气泡。

2. 本任务为何以白酒作为样品而不是红酒?

颜色较深的食品，会影响蒸馏过程的观察。（遇此情况，可通过加水稀释、用活性炭脱色等方法处理后再蒸馏。）

三、资源链接

白酒的酒精度检测课件

白酒的酒精度检测配套微课

> **提示**
> 在整个任务实施过程中应遵守实验室用水、用电安全操作指南及实验室各项规章制度和玻璃器皿的安全使用规范。

任务实施

一、实验准备

配图	仪器与设备	操作说明
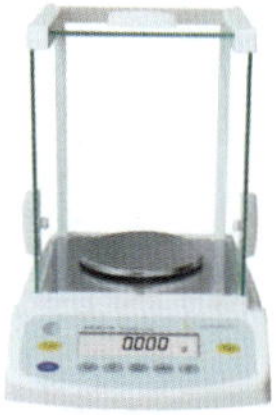	分析天平（感量为0.0001g）	称量完毕后，及时取出被称物品，并保持天平清洁
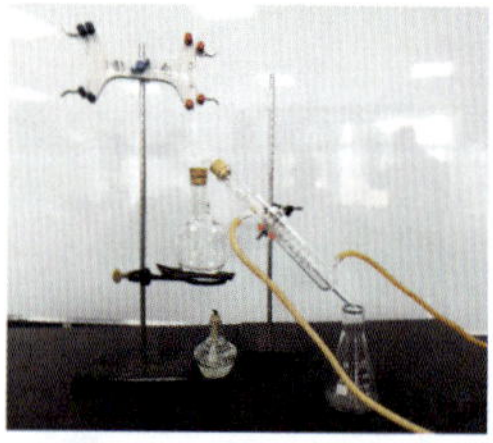	蒸馏装置	—
	锥形瓶、量筒、容量瓶等	（1）洗涤玻璃仪器应符合要求，否则对分析结果的准确度和精确度均有影响； （2）量筒必须放平，读数时视线要跟量筒内液体的凹液面的最低处保持水平

配图	仪器与设备	操作说明
	水浴锅	（1）水浴锅内应加注纯净水，使用后箱内水应及时放净，并擦拭干净，保持清洁； （2）水箱应放在固定的平台上，加水之前切勿接通电源
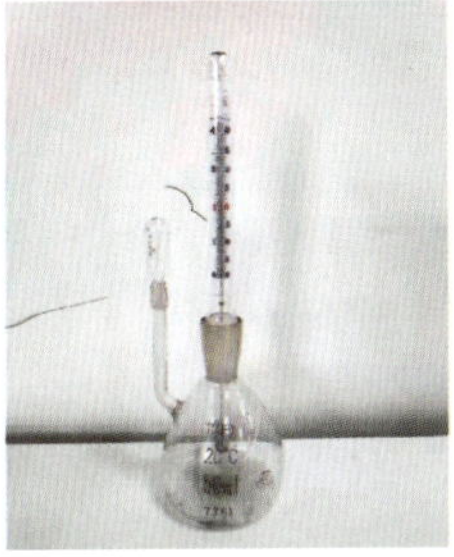	密度瓶	（1）水及样品必须装满密度瓶，瓶内不得有气泡； （2）拿取已达恒温的密度瓶时，不得用手直接接触密度瓶球部，以免液体受热流出，应戴隔热手套拿取瓶颈或用工具夹取； （3）水浴中的水必须清洁无油污，防止瓶外壁被污染
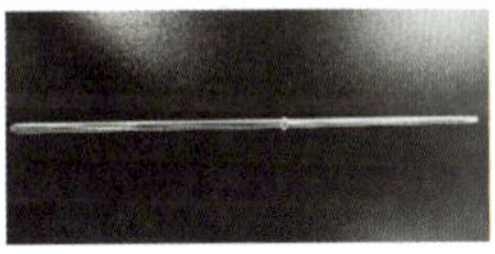	温度计	（1）手持温度计的上端，使温度计的玻璃泡全部浸入被测的液体中，不要碰到容器底或容器壁； （2）温度计玻璃泡浸入被测液体后要稍等一会，待温度计的示数稳定后再读数； （3）读数时温度计的玻璃泡要继续留在液体中，视线要与温度计中液柱的上表面相平

二、实施操作

1. 试剂准备

配图	试剂	操作说明
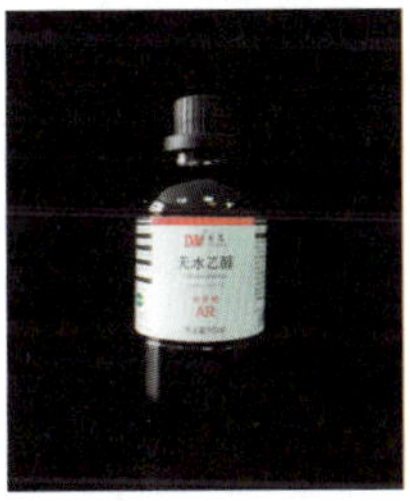	无水乙醇	可直接使用，注意远离火源放置

配图	试剂	操作说明
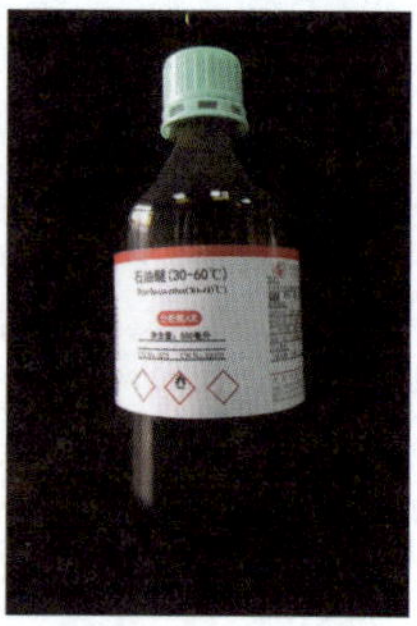	乙醚	可直接使用，注意远离火源放置

2. 样品准备

配图	操作步骤	操作说明
	用洁净干燥的100mL容量瓶，准确量取样品（液温20℃）100mL 于500mL 蒸馏瓶中，用50mL 水分3次冲洗容量瓶，洗液倒入500mL蒸馏瓶中，加几颗沸石（或玻璃珠）	（1）如果要测定多个相似的产品，则动作要迅速； （2）在蒸馏烧瓶中加入沸石，防止液体暴沸

3. 样品蒸馏

配图	操作步骤	操作说明
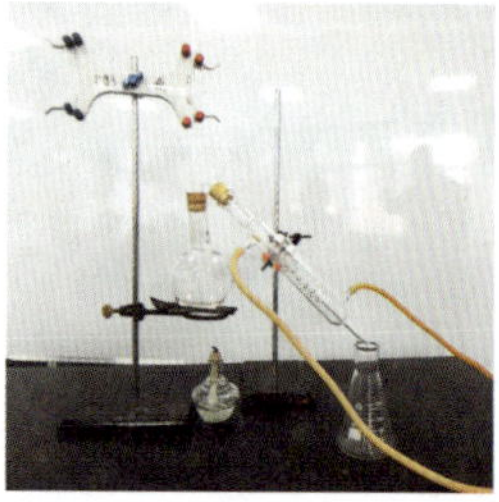	（1）连接蛇形冷凝管，以取样原容量瓶作接收器（外加冰浴），开启冷却水（冷却水温度宜低于15℃），缓慢加热蒸馏样品，收集馏出液； （2）当馏出液接近刻度时，取下容量瓶，盖塞，于20℃水浴中保温30min，再补加水至刻度，混匀备用	（1）温度计水银球的位置应与支管口下缘位于同一水平线上； （2）蒸馏烧瓶中所盛放的液体不能超过其容积的2/3，也不能少于1/3； （3）冷凝管中冷却水应从下口进，上口出； （4）加热温度不能超过混合物中沸点最高的物质的沸点

4. 样品溶液的检测

配图	操作步骤	操作说明
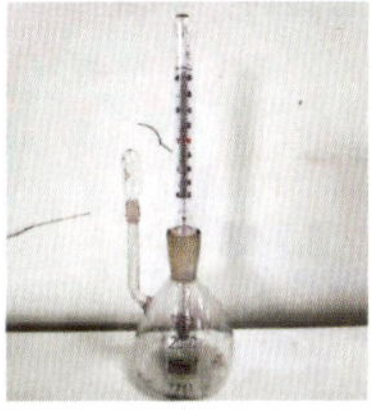	将密度瓶洗净并干燥，带温度计和侧孔罩称量，并重复干燥和称重步骤，直至恒重（m）	一定要重复干燥和称重步骤，直至恒重
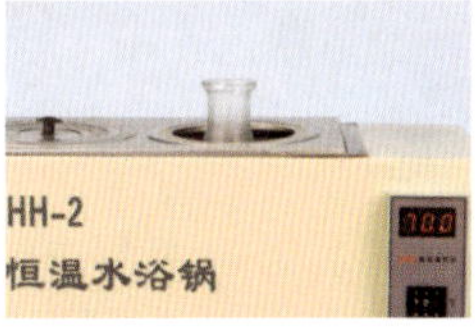	（1）取下带温度计的瓶塞，将煮沸后冷却至15℃的水注满已恒重的密度瓶中，插上带温度计的瓶塞，立即浸入20.0℃ ±0.1℃的恒温水浴中； （2）待温度计显示温度达20℃并保持20min不变后，用滤纸快速吸去溢出侧管的液体，使侧管的液面和侧管管口齐平，立即盖好侧孔罩，取出密度瓶，用滤纸擦干瓶外壁上的液体，立即称量（m_1）	（密度瓶中不得有气泡）侧管的液面和侧管管口齐平，立即盖好侧孔罩，取出密度瓶，用滤纸擦干密度瓶外壁上的液体
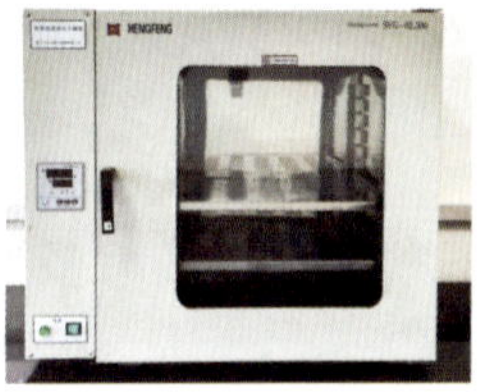	将密度瓶中的水倒出，先用无水乙醇冲洗密度瓶，再用乙醚冲洗密度瓶后置于烘箱中烘干，用试样馏出液反复冲洗密度瓶3～5次，然后装满试样馏出液；按照称量m_1的步骤称量其质量（m_2）	烘干时候注意将箱门打开一个缝，防止发生爆炸

5. 记录原始数据（表4-1）

表4-1　白酒的酒精度检测数据记录表

样品		检测方法		检测项目	
样品编号			Ⅰ	Ⅱ	Ⅲ
密度瓶的质量（g）		m			
20℃时密度瓶与水的质量（g）		m_1			
20℃时密度瓶和样品的质量（g）		m_2			
空气浮力校正值		A			
样品的酒精度（体积分数，%）		X			
样品的酒精度的平均值（体积分数，%）		$\bar{X}$			
所测酒精度是否达标					
计算公式					

6. 原始数据处理

样品酒精度计算公式如下：

$$\rho_{20}^{20}=\rho_0\times\frac{m_2-m+A}{m_1-m+A}$$

$$A=\rho_u\times\frac{m_1-m}{997.0}$$

式中 ρ_{20}^{20}——样品在20℃时的密度，g/L

ρ_0 ——20℃时蒸馏水的密度，998.20g/L

m_2 ——20℃时密度瓶和样品的质量，g

m ——密度瓶的质量，g

A ——空气浮力校正值

m_1 ——20℃时密度瓶与水的质量，g

ρ_u ——干燥空气在20℃、101.325kPa时的密度（≈1.2g/L），g/L

997.0——在20℃时蒸馏水与干燥空气密度值之差，g/L

根据样品的密度ρ_{20}^{20}，查阅GB 5009.225—2016中附录A，求得酒精度（X），以体积分数（%）表示。

以重复性条件下获得的两次独立测定结果的算术平均值表示，结果保留至小数点后一位。

评价反馈

“白酒的酒精度检测”考核评价表

学生姓名：__________　　　　班级：__________　　　　日期：__________

评价方式	考核项目	评价项目	评价要求	不合格	合格	良	优
自我评价（10%）	相关知识	能正确填写相关知识	相关知识输出正确（1分）	0	1	—	2
		掌握酒精度测定基础知识	掌握酒精度测定原理（1分）				
	实验准备	能正确配制实验试剂	正确配制试剂（4分）	0	4	—	8
		能正确准备仪器	仪器准备正确（4分）				

续表

<table>
<tr><th>评价方式</th><th colspan="2">考核项目</th><th>评价项目</th><th>评价要求</th><th>不合格</th><th>合格</th><th>良</th><th>优</th></tr>
<tr><td rowspan="2">学生互评（20%）</td><td rowspan="2" colspan="2">操作技能</td><td>能熟练进行白酒的酒精度检测，（取样、冲洗和连接蛇形冷凝管、密度瓶恒重称量 m；称量密度瓶与水的质量 $m1$；称量密度瓶和试样的质量 $m2$ 等）操作规范</td><td>实验过程操作规范熟练（15分）</td><td>0</td><td>5</td><td>10</td><td>15</td></tr>
<tr><td>能正确、规范记录结果并进行数据处理</td><td>原始数据记录准确、处理数据正确（5分）</td><td>0</td><td>2</td><td>4</td><td>5</td></tr>
<tr><td rowspan="10">教师学业评价（70%）</td><td>课前</td><td>通用能力</td><td>课前预习任务</td><td>课前任务完成认真（5分）</td><td>0</td><td>2</td><td>4</td><td>5</td></tr>
<tr><td rowspan="7">课中</td><td rowspan="4">专业能力</td><td rowspan="4">实际操作能力</td><td>能按照操作规范使用蛇形冷凝管（10分）</td><td>0</td><td>3</td><td>6</td><td>10</td></tr>
<tr><td>能准确称量密度瓶恒重（10分）</td><td>0</td><td>3</td><td>6</td><td>10</td></tr>
<tr><td>正确称量密度瓶与水的质量（10分）</td><td>0</td><td>3</td><td>6</td><td>10</td></tr>
<tr><td>正确称量密度瓶和样品的质量（10分）</td><td>0</td><td>3</td><td>6</td><td>10</td></tr>
<tr><td rowspan="3">工作素养</td><td>发现并解决问题的能力</td><td>善于发现并解决实验过程中的问题（5分）</td><td rowspan="3">0</td><td rowspan="3">5</td><td rowspan="3">10</td><td rowspan="3">15</td></tr>
<tr><td>时间管理能力</td><td>合理安排时间，严格遵守时间安排（5分）</td></tr>
<tr><td>遵守实验室安全规范</td><td>（蛇形冷凝管连接、安全加热和拆卸）符合安全规范操作（5分）</td></tr>
<tr><td rowspan="2">课后</td><td rowspan="2">技能拓展</td><td>黄酒酒精度检测</td><td>正确规范完成（5分）</td><td rowspan="2">0</td><td rowspan="2">5</td><td rowspan="2">—</td><td rowspan="2">10</td></tr>
<tr><td>红酒酒精度检测</td><td>正确规范完成（5分）</td></tr>
<tr><td colspan="5">总分</td><td colspan="4"></td></tr>
</table>

注：①每个评分项目里，如出现安全问题则为0分；
②本表与附录2《职业素养考核评价表》配合使用。

学习心得

拓展训练

- 完成黄酒和红酒的酒精度的检测，绘制相关操作流程小报并录制视频。
  （提示：利用互联网、国家标准、微课等。）
- 拓展所学任务，线上查找相关知识，加深对相关知识的学习。
  （例如，中国大学MOOC https://www.icourse163.org/；智慧职教 https://www.icve.com.cn等。）

巩固反馈

1. 白酒的酒精度的表示方法________________。
2. 叙述酒精度检测的原理。

3. 请写出酒精的学名和分子式________________。
4. 学生课后总结所学内容，与老师和同学进行交流讨论并完成本任务的教学反馈。

任务 2　定量包装商品净含量的测定

学习目标

知识目标

1．了解食品净含量、定量包装食品、计量检验的内涵。
2．掌握净含量计量检验的要求。
3．掌握不同类型食品净含量检测的方法。

技能目标

1．能正确查找相关资料获取样品净含量的检验方法。
2．能根据样品类型，选取适宜的检测方法实施净含量测定。
3．能进行定量包装商品净含量测定的数据处理和结果判断。

素养目标

1．通过食品安全法相关条款的学习，培养学生保证消费者合法权益的意识。
2．通过确定样品实验方案，能辩证地看待国家标准中各个方法的区别和联系，能从国家标准中选择最合适的方法来检测教学案例中所供样品。
3．能够按现场7S及相关标准，整理现场和处理废弃物，具备认真细致的态度，严格执行企业安全作业规定。

任务描述

当前定量商品已成为商品市场的主流产品，对定量包装商品净含量计量检验工作要求更高。强化对定量包装商品净含量计量检验工作对于维护消费者合法权益、促进定量包装商品市场公平竞争具有非常重要的现实意义。依据JJF 1070—2023《定量包装商品净含量计量检验规则》和相关国际标准等，我们将按照如图4-3所示的环节完成学习任务。

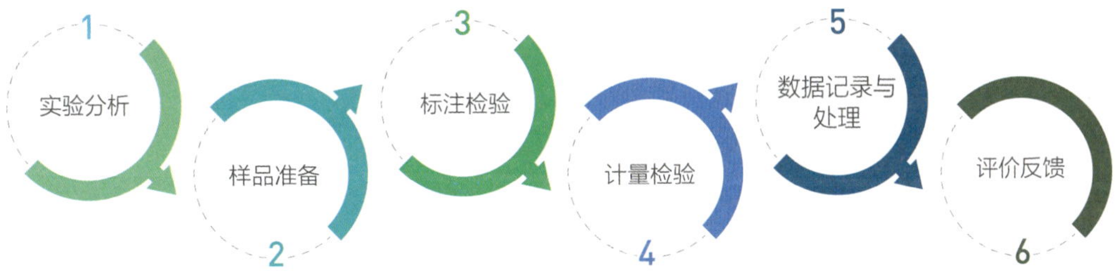

图4-3 “任务2　定量包装商品净含量的测定”实施环节

任务要求

1．独立完成待测样品净含量的检测任务。

2．学会判断样品净含量是否符合国家标准的方法。

课前准备

一、学习资源准备

通过网络获取JJF 1070—2023《定量包装商品净含量计量检验规则》和《定量包装商品计量监督管理办法》及JJG 196—2006《常用玻璃量器检定规程》、GB/T 603—2023《化学试剂　试验方法所用制剂及制品的制备》、GB/T 8170—2008《数值修约规则与极限数值的表示和判定》、GB/T 3358.1—2009《统计学词汇及符号　第1部分：一般统计术语与用于概率的术语》、GB/T 3358.2—2009《统计学词汇及符号　第2部分：应用统计》、GB/T 3358.3—2009《统计学词汇及符号　第3部分：实验统计》等相关资料。

二、完成预习任务

1．阅读学习相关资源，归纳定量包装商品净含量的测定相关知识。

2．绘制操作流程小报并初拟实验方案。

3．完成老师发布的预习小测验等相关预习任务，手机扫码完成课前测试。

定量包装商品净含量的测定课前测试

三、完成课前讨论

1．完成《学情分析表》（附录1）。

2．在线提出预习中存在的问题，并进行相关讨论。

思政园地

《中华人民共和国食品安全法》规定食品和食品添加剂的标签、说明书，不得含有虚假内容，不得涉及疾病预防、治疗功能。食品和食品添加剂的标签、说明书应当清楚、明显，生产日期、保质期等事项应当显著标注，容易辨识。

知识链接

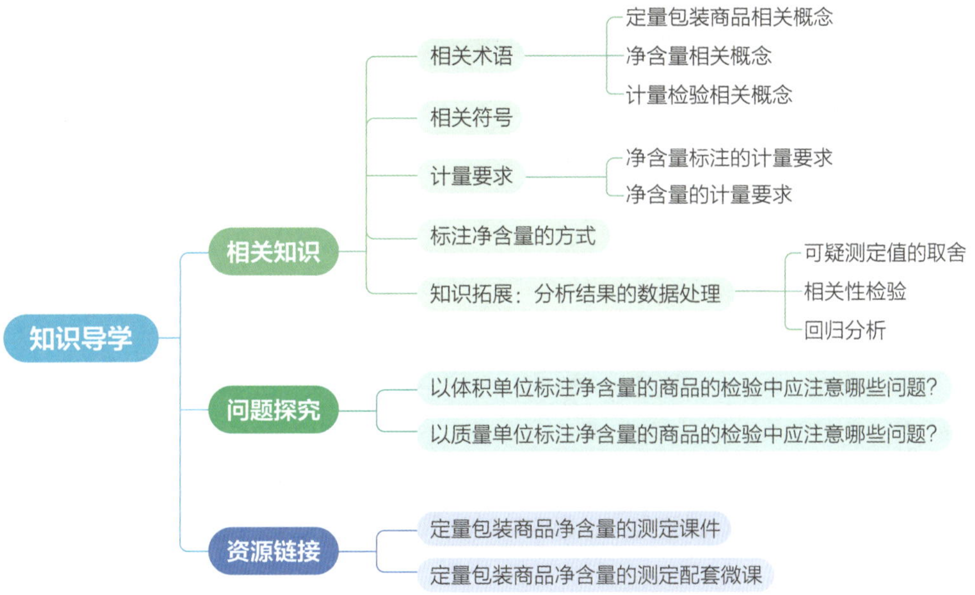

图4-4　“定量包装商品净含量的测定”知识思维导图

一、相关知识

（一）相关术语

1. 定量包装商品相关概念

（1）预包装商品　销售前预先用包装材料或者包装容器将商品内容物包装好，并有预先确定的量值或者数量（标注净含量）的单件商品。

“预包装商品”包括标注统一净含量的预包装商品(定量包装商品)和标注随机净含量的预包装商品。在没有破坏商品包装的情况下，商品的实际含量应不能被改变。但某些预包装商品包装后由于失水等因素可能会导致其实际含量发生变化。

（2）定量包装商品　以销售为目的，在一定限量范围内具有统一的质量、体积、长度、面积、计数标注等标识内容的预包装商品（药品、危险化学品除外）。

（3）同种定量包装商品　由同一生产者生产，品种、标注净含量、包装规格及包装材料均相同的定量包装商品。

2. 净含量相关概念

（1）净含量　定量包装商品除去包装容器和其他包装材料后内装商品的量。不论商品的包装材料，还是任何与该商品包装在一起的其他材料，均不应记入净含量。

（2）标注净含量　由生产者或销售者在定量包装商品的包装（或标签）上明示的商品

的净含量。

（3）实际含量　市场监督管理部门授权的计量检定机构按照本规范或本规范的系列国家计量技术规范，通过计量检验确定的商品实际所包含的商品内容物（内装物）的量。

（4）允许短缺量　单件定量包装商品的标注净含量与其实际含量之差的最大允许量值（或者数量）。允许短缺量通常是单件定量包装商品的实际含量少于其标注净含量的最大允许量值（或者数量），有时也称为允许负偏差。

3. 计量检验相关概念

（1）计量检验　根据抽样方案，从整批定量包装商品中抽取有限数量的样品，检验商品的实际含量，并评定该批是否合格的过程。

（2）单位商品　实施计量检验的商品中，标注净含量且基于零售的基本包装单位。单位商品又称为单件商品。

（3）检验批（简称批）　接受计量检验的，由同一生产者在相同生产条件下生产的一定数量的同种定量包装商品，或者是在销售者抽样地点现场存在的同种定量包装商品。

（二）相关符号

N——检验批量，（检验批的大小），检验批中全部单位商品的数量；

n——样本是（抽取的样品件数），样本中全部单位样品的数量；

q——实际含量；

Q_n——标注净含量；

T——允许短缺量；

S——样本中，商品实际含量的实验标准偏差。

（三）计量要求

1. 净含量标注的计量要求

在定量包装商品包装主展示面或商品标签的显著位置应标注商品的净含量。净含量的标注应正确、清晰并易于理解，不应使消费者对商品的净含量产生误解。

该商品标注不涉及健康、安全、生产日期、保质期、存储条件以及营养成分等。

（1）净含量标注的构成　净含量标注由“净含量”（中文）、数字和法定计量单位（或者用中文表示的计数单位）三部分组成，例如，“净含量：500克”。

用中文表示的计数单位是指用中文字表示的非物理量单位。

以长度、面积、计数单位标注净含量的定量包装商品，可以免于标注“净含量”三个中文字，只标注净含量的数字和法定计量单位（或者用中文表示的计数单位），例如，“50米”“10平方米”“100个”。

净含量标注中的数字部分，通常不应超过3位有效数字，例如应标注为“净含量：5.55 kg”，而不应是“净含量：5.555 kg”。

若商品包装上的标注净含量中包含了免费（赠送）的量，任何有关免费（赠送）量的标注应当清晰合理，不得使消费者对商品总的净含量产生误解，例如“净含量：225克（200克＋送25克）”或“净含量：200克＋赠25克”或“净含量：（200＋25）克”。

对于非销售的预包装商品，例如免费的样品、食品或饮料附带的小袋调味品、酒店提供的免费洗浴用品等，无须标注净含量。若这些免费的样品标注了净含量，则应符合相关标准的要求。

（2）法定计量单位的选择及检查方法见表4-2。

表4-2　法定计量单位的选择及检查方法

商品的标注类别		检查要求		检查方法
		标注净含量的量限	计量单位	
质量		Q_n＜1克	mg（毫克）	目测
		1克≤Q_n＜1000克	g（克）	
		Q_n≥1000克	kg（千克）	
体积（容积）	容积（液体）	Q_n＜1000毫升	mL（毫升）或cL（厘升）	
		Q_n≥1000毫升	L（升）	
	体积（固体）	Q_n≤1000立方厘米（1立方分米）	cm^3（立方厘米）或mL（毫升）	
		1立方分米＜Q_n＜1000立方分米	dm^3（立方分米）或L（升）	
		Q_n≥1000立方分米	m^3（立方米）	
长度		Q_n＜1毫米	μm（微米）或者mm（毫米）	
		1毫米≤Q_n＜100厘米	mm（毫米）或cm（厘米）	
		Q_n≥100厘米	m（米）	
		注：长度包括所有的线性量，如宽度、高度、厚度和直径		
面积		Q_n＜100平方厘米（1平方分米）	mm^2（平方毫米）或cm^2（平方厘米）	
		1平方分米≤Q_n＜100平方分米	dm^2（平方分米）	
		Q_n≥1平方米	m^2（平方米）	

（3）净含量标注的显著性（字符的最小高度）和检验方法见表4-3。

表4-3　净含量标注字符的最小高度和检验方法

标注净含量（Q_n）	字符的最小高度/mm	检验方法
$Q_n \leq 50g$ $Q_n \leq 50mL$	2	使用钢直尺或游标卡尺测量字符高度
$50g < Q_n \leq 200g$ $50mL < Q_n \leq 200mL$	3	
$200g < Q_n \leq 1000g$ $200mL < Q_n \leq 1000mL$	4	
$Q_n > 1kg$ $Q_n > 1L$	6	
以长度、面积、计数单位标注	2	

2. 净含量的计量要求

单件定量包装商品的实际含量应当准确反映其标注净含量，标注净含量与实际含量之差不得大于如表4-4所示的单件商品实际含量的允许短缺量。

表4-4　单件商品实际含量的允许短缺量

质量或体积定量包装商品标注净含量（Q_n）/g（或mL）	允许短缺量（T）①	
	Q_n的百分比/%	T/g（或mL）
0～50	9	—
51～100	—	4.5
101～200	4.5	—
201～300	—	9
301～500	3	—
501～1000	—	15
1001～10000	1.5	—
10001～15000	—	150
15001～50000	1	—
长度定量包装商品标注净含量（Q_n）	允许短缺量（T）	
≤5m	不允许出现短缺量	

续表

＞5m	Q_n×2%
面积定量包装商品标注净含量（Q_n）	**不允许出现短缺量**
全部	Q_n×3%
计数定量包装商品标注净含量（Q_n）	**允许短缺量（T）**
≤50	不允许出现短缺量
＞50	Q_n×1%②

注：①对于允许短缺量（T），当Q_n≤1kg（L），T值修约至0.1g（mL）；当Q_n＞1kg（L）时，T值修约至1g（mL）。

②以标注净含量乘以1%，如果出现小数，就把该数进位到下一个紧邻的整数，这个值可能大于1%，但这是可以接受的，因为商品的个数为整数，不能带有小数。

（四）标注净含量的方式

对定量包装商品净含量实施计量监督检验时，有下列几种标注样品净含量的方式，应根据不同的标注方式选取相应的检验方法。

（1）以质量（重量）单位标注净含量。

（2）以体积单位标注净含量。

（3）以长度单位标注净含量。

（4）以面积单位标注净含量。

（5）以计数标注净含量。

（五）知识拓展：分析结果的数据处理

1. 可疑测定值的取舍

为了使检验分析结果更符合客观实际，必须剔除明显不符合检验结果的测定数据。正常数据总是有一定的分散性，若删去未经检验就断定为离群数据的测定值所得的测定结果虽精密度很高，但并不符合客观实际，因此对可疑数据的取舍必须遵循一定的原则。

可疑测定值指在平行测定的数据中，有时会出现的一两个与其他结果相差较大的测定值，也称为可疑值或异常值（离群值、极端值）。

可疑测定值取舍方法如下。

（1）Q检验法

①排序：将测定值由小到大排序为X_1，X_2，……，X_n；

②求出可疑测定值与最邻近值之差；

③用上述数值除以极差，求出Q值；

④由测定次数和要求的置信度，查Q检验临界值表，得到$Q_{表}$；

⑤判断：若$Q>Q_{表}$，舍弃可疑测定值，反之则保留可疑测定值。

（2）$4\bar{d}$检验法

①排序：X_1，X_2，……，X_n；

②计算除去可疑测定值（$X_{可疑}$）以外的数据的平均值$\bar{X}$和平均偏差$\bar{d}$；

③计算绝对差值：$|X_{可疑}-\bar{X}|$；

④判断：$|X_{可疑}-\bar{X}|>4\bar{d}$，则舍弃可疑测定值，反之则保留可疑测定值。

（3）G检验法（格鲁布斯法，Grubbs）

①排序：将测定值由小到大排序为X_1，X_2，……，X_n；

②计算平均值$\bar{X}$和标准偏差S；

③计算G值：$G=\dfrac{|X_{可疑}-\bar{X}|}{S}$；

④由测定次数和要求的置信度，查G检验临界值表，得到$G_{表}$；

⑤判断：若$G>G_{表}$，则舍弃可疑测定值，反之则保留可疑测定值。

2. 相关性检验

（1）检验目的　研究同一组观测对象对两个或多个变量之间的相关关系，包括定性判断和定量判断两种。

（2）相关关系　根据相关关系的程度可分为：不相关、完全相关、不完全相关；根据相关关系的方向可分为：正相关、负相关；根据自变量的多少可分为：单相关、负相关；根据变量间相关关系的表现形式可分为：直线相关、曲线相关。

（3）检测参数

①相关关系示意图如图4-5所示。

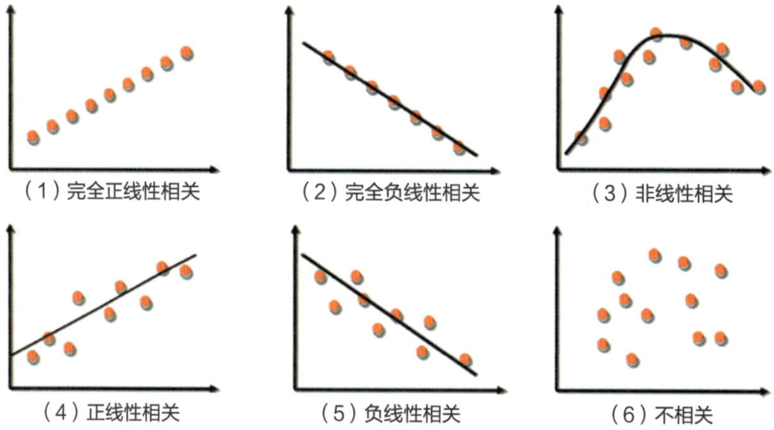

图4-5　相关关系示意图

②相关系数r：相关系数是在直线相关的条件下，用于反映两变量间线性相关密切程度的统计指标，取值范围是$-1 \leq r \leq 1$，当$r>0$为正相关；$r<0$为负相关；$|r|=0$为不存在线性关系；$|r|=1$为完全线性相关。在实际测定过程中，若$|r| \geq 0.8$则说明两变量间呈高度线性相关。

3. 回归分析

（1）检验目的　依据自变量（x）推算因变量（y）的估计值。

（2）种类　按自变量的个数可分为：一元回归方程、多元回归方程；按回归曲线的形态可分为：线性回归方程、非线性回归方程。

其中，一元回归方程、线性回归方程属于一元线性回归方程，是常规检验中应用最广泛的一种定量分析方法。

（3）一元线性回归方程　一元线性回归方程一般可表示为：$y=bx+a$，式中a为截距，b为回归系数，回归系数示意图见图4-6。

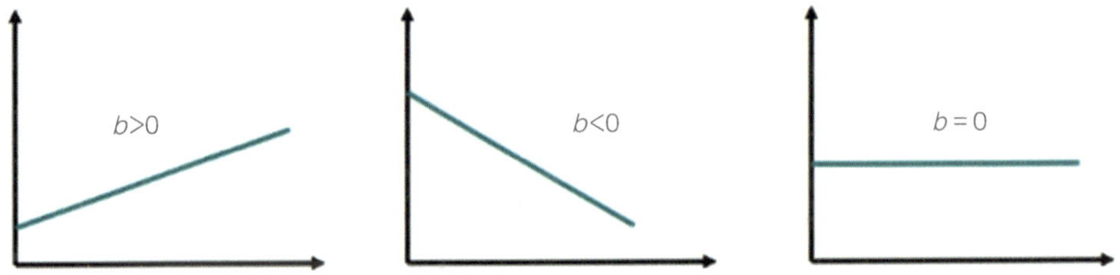

图4-6　回归系数示意图

二、问题探究

1. 以体积单位标注净含量的商品的检验中应注意哪些问题？

（1）绝对体积法　对于那些流动性好、黏稠度小的液体商品这种方法在开展质量检测时，可以收获较为精准的参考数据。但是质量检测人员在使用这种方法时，需要根据商品的特殊属性，对方法的准确等级进行选择，并按照相应的制度规范进行测量。与此同时，质量检测人员为了保证测量数据的精准性，进行测量时，需要将相应的误差控制在一定范围内，相关的测量器具也要根据商品的规格以及需要进行科学合理的规划，并完善相关的测量细节，才能保证测量的结果具有相应的参考价值。

进行测量时，质量检测人员一定要掌握商品的特性，熟悉商品的黏稠度。再根据商品的这些特性，调整自己的操作方法。需要特别注意的是，当液体倒入容量瓶时应该尽量保持操作动作缓慢进行，防止液体在倾倒的过程中出现飞溅现象。读取液体商品的体积时，要等到液体液面稳定后再读取相应的数据，才可以进一步保证读取数值的精准性。

（2）密度法　此方法适用于商品内容物密度均匀混合（如牛乳、食用油、紧肤水等）的样品。较黏稠的膏状半流体不适用此方法。在用此方法检验商品时需要注意，所使用的测量仪器一定要满足测量密度要求，选用最大称量范围0～200g，分度值为0.001g的电子天平，容量瓶允差为A级或密度杯为50mL。使用前必须清洗和干燥容量瓶或密度杯（重新标定）。同时，需要注意的是在操作电子天平时应轻拿轻放，等待天平示数稳定后再进行操作，称量前必须对样品温度以及室内的相对湿度进行测量。

2. 以质量单位标注净含量的商品的检验中应注意哪些问题?

检验以质量单位标注净含量的商品时通常需要注意的问题是抽样的数量和大小以及产品是否干净等；而在对冰冻商品进行检测的过程中，还需要时刻注意商品的温度，要保证商品不会因为外界温度的变化出现水汽凝结等情况而影响检测工作的准确度。

三、资源链接

定量包装商品净含量的测定课件

定量包装商品净含量的测定配套微课

提示

在整个任务实施过程中应遵守实验室用水、用电安全操作指南及实验室各项规章制度和玻璃器皿的安全使用规范。

任务实施

一、实验准备

配图	仪器与设备	操作说明
	分析天平（感量为0.001g）	称量完毕后，及时取出被称物品，并保持天平清洁
	密度杯	—

配图	仪器与设备	操作说明
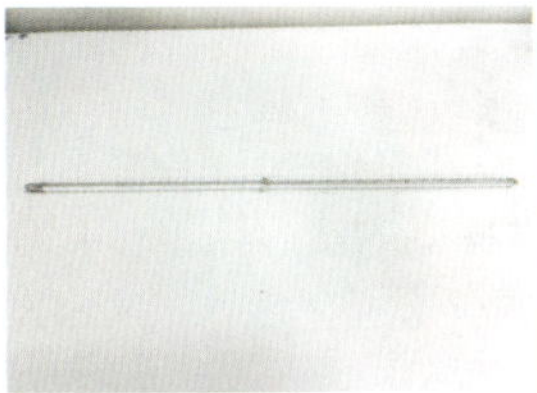	温度计	—
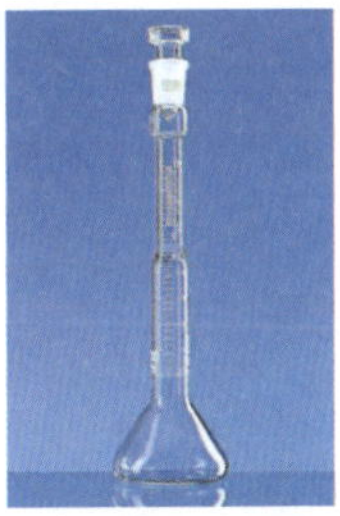	专业检量瓶	—
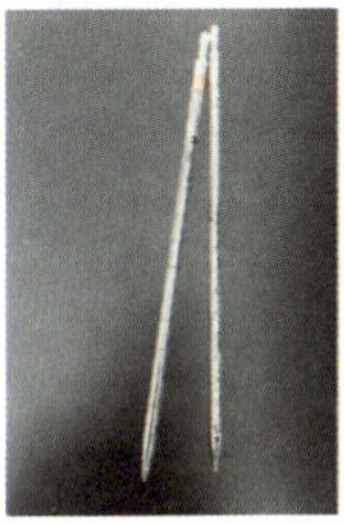	分度吸量管	—

二、实施操作

1. 检验以质量（重量）单位标注的一般性商品

配图	操作步骤	操作说明
	（1）准备样品	本法适用于乳粉、糖果、饼干等一般性商品
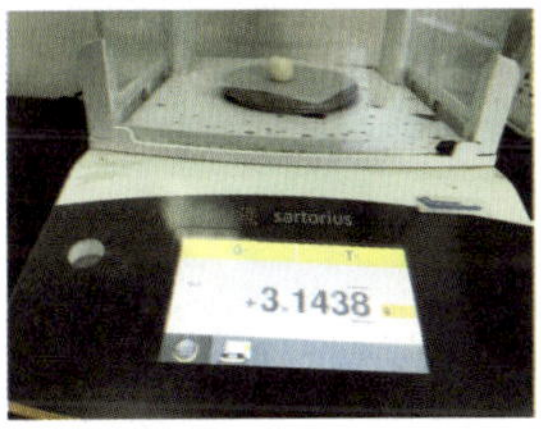	（2）称量每件样品的实际毛重	—

配图	操作步骤	操作说明
	（3）计算样品的毛重和实际含量	样品的毛重 = 平均皮重 + 标注净含量 实际含量 = 每件样品的实际毛重 – 平均皮重
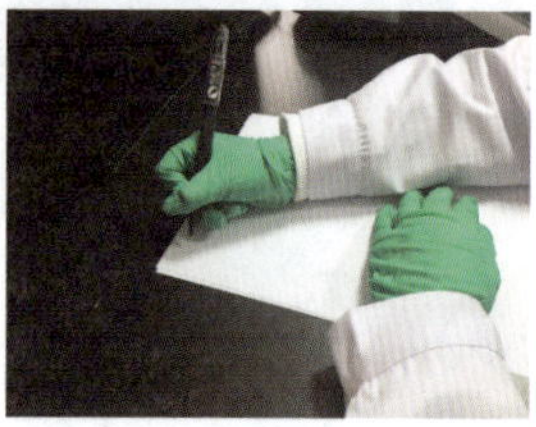	（4）计算单件样品的误差	单件样品的误差 = 每件样品的实际毛重 – 样品的毛重 当单件样品的实际含量误差为正值时，说明商品不短缺；当实际含量误差为负值时，说明商品短缺

2. 检验以体积单位标注的商品——绝对体积法

配图	操作步骤	操作说明
	（1）准备样品	（1）选择流动性好、不挂壁，且标注净含量为10mL到2L的液态商品，如饮用水、啤酒、白酒等； （2）对于啤酒、可乐等加压加气的商品，在检验前加入不大于净含量允许短缺量（1/30）~（1/20）的量的消泡剂
	（2）将样品单位内容物倒入专用检验量瓶中，内容物成滴状后，静止等待	（1）倒入时内容物不得流洒及向瓶外飞溅； （2）为防止样本损失，等待时间不少于30s
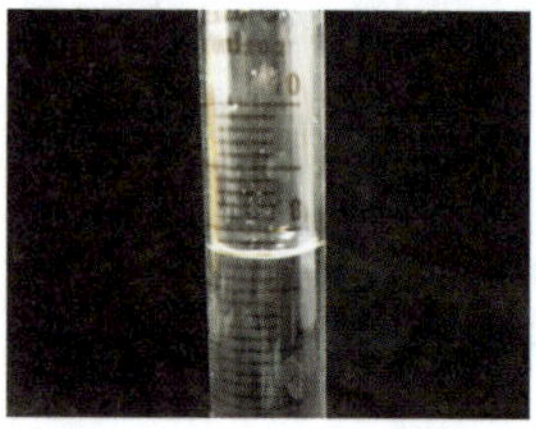	（3）保持专用检验量瓶垂直放置，按液面的凹面最低处读取数值，即为样本单位的实际含量	（1）读数时，视线与液面平齐； （2）读取数值根据最小刻度线，估读值达到最小刻度线的（1/5）~（1/3）； （3）计算单件商品误差

3. 检验以体积单位标注的商品——密度法

配图	操作步骤	操作说明
	（1）样品准备	本方法适用于能均匀混合的液体商品，如牛乳、食用油等
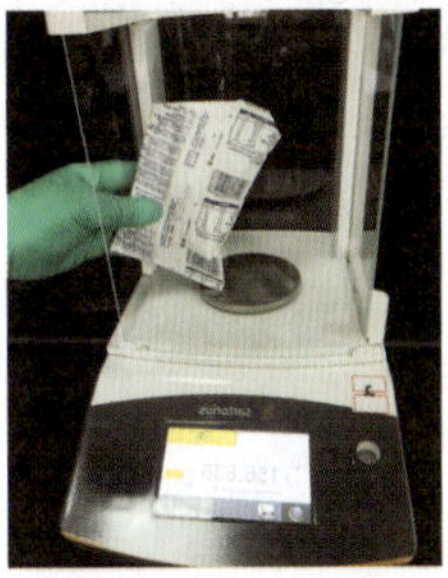	（2）逐一称量每个样品的毛重	—
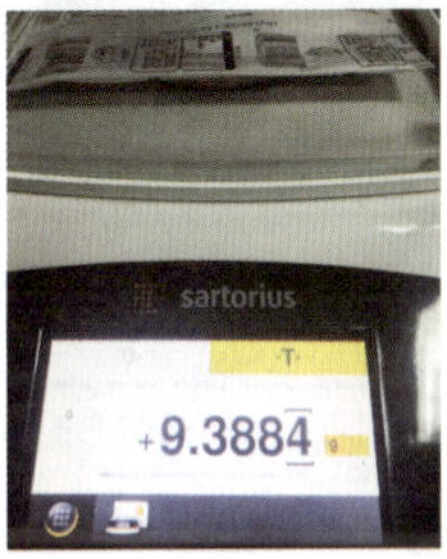	（3）测定皮重	—
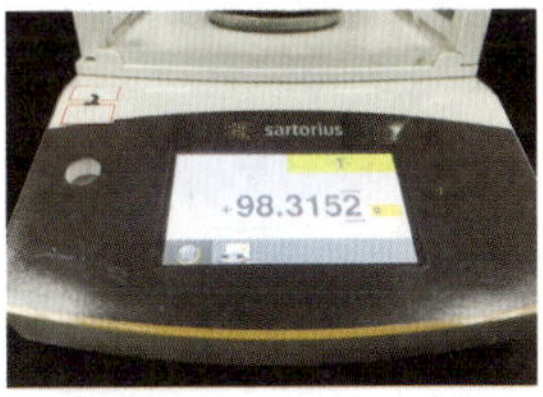	（4）检测密度： ①称量密度杯重量	在20℃ ±2℃条件下进行
	②将单位样品内容物注满密度杯，称量密度杯和其内容物的质量，再减去密度杯的质量即为定量体积的商品质量	在打开包装前摇匀样品
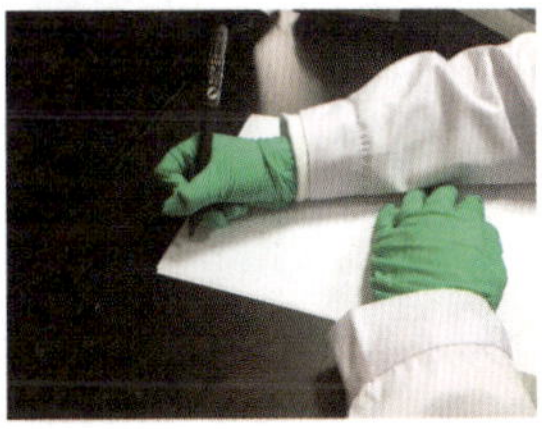	③单位样品密度 =（密度杯和内容物质量 - 密度杯质量）/ 密度杯的标称容量； ④实际含量 =（总质量 - 皮重）/密度； ⑤实际含量误差 = 实际含量 - 标注含量	密度检验重复三次，取其结果的算术平均值作为样本单位实际含量的计算密度，填写工作报告

4. 记录原始数据（表4-5）

表4-5 定量包装商品净含量的测定数据记录表

商品名称					标注净含量			
检验依据					检验方法			
1. 净含量标注计量检验								
显著位置	包装主展示面○				商品标签○			
正确○	清晰○		易于理解○		○不产生误解○			
标注的构成	净含量（中文）○			数字部分○			法定计量单位○	
计量单位和标注类别的选择								
标注的显著性	粗体字体○			背景底色有明显区别○			字符高度○	
结果结论								
2. 实际含量计量检验								
允许短缺量T		修正因子F			相对湿度		环境温度	
编号	1	2	3	4	5	6	7	8
实际含量（ ）								
误差（ ）								
平均实际含量（为修订）		样本实际含量实验标准偏差		修正值		平均实际含量		
T_1类短缺商品				T_2类短缺商品				
实际含量计量结果结论								
3. 总体结论								
检验人						核验人		

注：①T_1类短缺指单件商品的误差小于-T，但是等于或大于-2T；
②T_1类短缺指单件商品的误差小于-2T。

评价反馈

“定量包装商品净含量的测定”考核评价表

学生姓名：＿＿＿＿＿＿　　班级：＿＿＿＿＿＿　　日期：＿＿＿＿＿＿

评价方式	考核项目		评价项目	评价要求	不合格	合格	良	优
自我评价（10%）	相关知识		了解包装商品净含量及其测定方法	相关知识输出正确（1分）	0	1	—	2
			掌握不同种类净含量测定原理	能利用检测原理正确解释实验现象（1分）				
	实验准备		准确配制试剂	试剂配制准确（4分）	0	4	—	8
			正确准备仪器	仪器准备正确（4分）				
学生互评（20%）	操作技能		能熟练进行净含量的测定，（样品处理、编号、称量、读数、计算等）操作规范	实验过程操作规范熟练（15分）	0	5	10	15
			能正确、规范记录结果并进行数据处理	原始数据记录准确、处理数据正确（5分）	0	2	4	5
教师学业评价（70%）	课前	通用能力	课前预习任务	课前任务完成认真（5分）	0	2	4	5
	课中	专业能力	实际操作能力	正确解读国家标准（10分）	0	3	6	10
				准确、规范操作实验仪器设备（10分）	0	3	6	10
				对实验结果进行准确记录和数据处理（10分）	0	3	6	10
				两次独立测定结果的绝对差值不超过算数平均值的5%（5分）	0	1	3	5
				结果记录真实，字迹工整，报告规范（5分）	0	1	3	5
	课中	工作素养	发现并解决问题的能力	善于发现并解决实验过程中的问题（5分）	0	5	10	15
			时间管理能力	合理安排时间，严格遵守时间安排（5分）				
			遵守实验室安全规范	实验操作符合安全规范（5分）				
	课后	技能拓展	保鲜膜净含量测定	正确规范完成（5分）	0	5	—	10
			便利贴净含量测定	正确规范完成（5分）				
总分								

注：①每个评分项目里，如出现安全问题则为0分；

②本表与附录2《职业素养考核评价表》配合使用。

学习心得

拓展训练

- 完成保鲜膜和便利贴净含量的测定，绘制相关操作流程小报并录制视频。
  （提示：利用互联网、国家标准、微课等。）
- 拓展所学任务，线上查找相关知识，加深对相关知识的学习。
  （例如，中国大学MOOC https://www.icourse163.org/；智慧职教 https://www.icve.com.cn等。）

巩固反馈

1. 在一个定量包装商品的计量监督检查中，发现6种定量包装商品净含量的标注为：

   A. 含量：500克　　B. 净含量：500g

   C. 净含量：500ml　　D. 净含量：50L

   E. 净含量：5Kg　　F. 净含量：100厘米

   请分别指出这些商品标注的错误。

2. 一盒牛乳标有“净含量500mL”，500mL指的是（　　）。

   A. 牛乳的体积　　B. 牛乳瓶的容积

   C. 牛乳瓶的体积　　D. 以上都不正确

3. 简述净含量测定计量器具应满足的要求。

4. 学生课后总结所学内容，与老师和同学进行交流讨论并完成本任务的教学反馈。

任务 3　植物油折射率的测定

学习目标

知识目标

1. 了解植物油折射率测定的意义。
2. 掌握植物油折射率的检测原理。
3. 掌握植物油折射率的检测流程。

技能目标

1. 能正确查找相关资料获取样品折射率的检验方法。
2. 能正确操作阿贝折光仪。
3. 能进行植物油折射率的检测并进行数据处理和结果判断。

素养目标

1. 通过食品安全法相关条款的学习，树立学生尊重科学，恪守职业道德的责任意识。
2. 通过油脂安全热点问题的学习，培养学生的社会责任感。
3. 通过检测操作过程、注意事项和结果计算的学习，培养学生严谨、规范的工作态度。

任务描述

折射率（折光指数）是油脂及脂肪酸的一个重要物理常数，不同的油脂所含脂肪酸不同，其折射率也不相同，通过测定折射率可迅速了解油脂组成的大概情况，以鉴别油脂的类型及质量。我们将依据GB/T 5527—2010《动植物油脂　折光指数的测定》，按照如图4-7所示的环节完成学习任务。

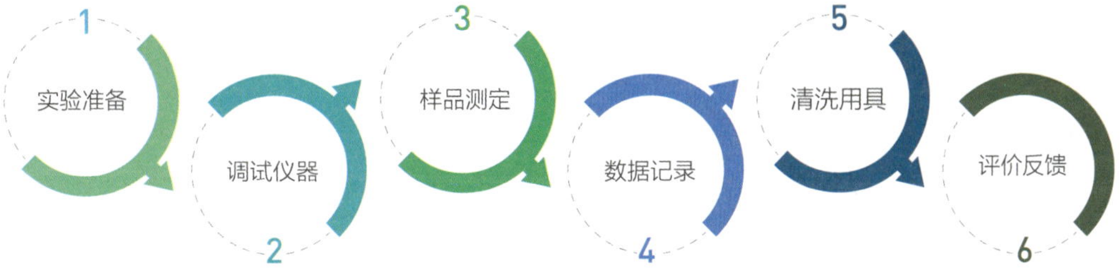

图4-7　“任务3　植物油折射率的测定”实施环节

任务要求

1．独立完成植物油折射率的检测任务。

2．学会判断植物油纯度的方法。

课前准备

一、学习资源准备

通过网络获取GB/T 5527—2010《动植物油脂　折光指数的测定》及GB/T 15687—2008《动植物油脂　样品的制备》、JJG 20—2001《标准玻璃量器检定规程》、GB/T 603—2023《化学试剂　试验方法中所用制剂及制品的制备》、GB/T 8170—2008《数值修约规则与极限数值的表示和判定》等相关资料。

二、完成预习任务

1．阅读学习相关资源，归纳植物油折射率的测定相关知识。

2．绘制任务操作流程小报并初拟实验方案。

3．完成老师发布的预习小测验等相关预习任务，手机扫码完成课前测试。

植物油折射率的测定课前测试

三、完成课前讨论

完成《学情分析表》（附录1）。

思政园地

《中华人民共和国食品安全法》规定检验人应当依照有关法律、法规的规定，并按照食品安全标准和检验规范对食品进行检验，尊重科学，恪守职业道德，保证出具的检验数据和结论客观、公正，不得出具虚假检验报告。

知识链接

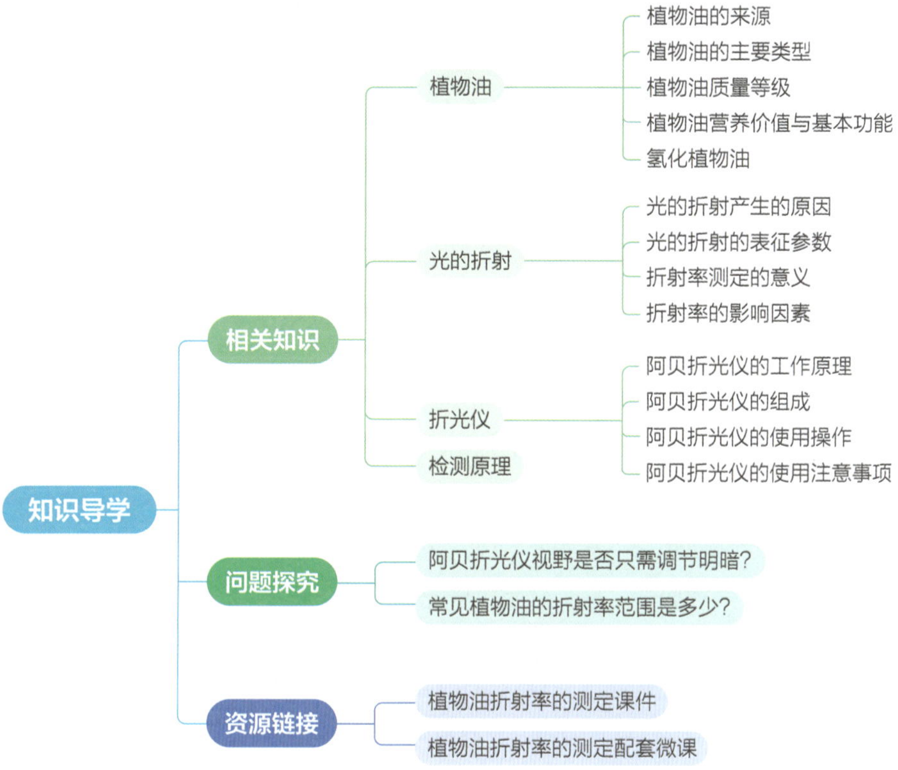

图4-8　“植物油折射率的测定”知识思维导图

一、相关知识

（一）植物油

1. 植物油的来源

植物油（图4-9）是从植物的果实、种子、胚芽中得到的油脂，主要成分为甘油三酯，还含有少量的植物甾醇与蜡质成分。草本植物油有大豆油、花生油、菜籽油、葵花籽油、棉籽油、亚麻籽油等；木本植物油有橄榄油、棕榈油、椰子油、核桃油等。

图4-9　植物油

2. 植物油的主要类型

植物油可从多种角度进行分类，如按常温条件下的状态，可把在常温下为液体者称为油，常温下为固体和半固体者称为脂；按用途可分为食用植物油脂和工业用植物油脂两大类；按照加工工艺可分为物理压榨油和化学浸出油。

3. 植物油质量等级

植物油质量等级主要依据油料的品种、质量以及与之相适应的加工工艺来确定。我国食用植物油质量标准体系规定，市场上一般食用植物油（橄榄油和特种油脂除外）共分为一级、二级、三级和四级4个等级，如大豆油、菜籽油、棉籽油、米糠油、玉米油、葵花籽油、浸出花生油、浸出油茶籽油等分为一级到四级，而压榨花生油、压榨油茶籽油、芝麻油等则只有一级和二级之分。

4. 植物油营养价值与基本功能

每种油脂营养成分不同但都营养价值丰富，植物油是人体能量的良好来源，1g油脂的能量约有37.7kJ，是蛋白质的2～3倍，人体每日所需总能量中，植物油提供的能量占20%～30%。同时，植物油可提供多种必需脂肪酸，如亚油酸、α-亚麻酸等。植物油也是油溶性维生素的良好载体，可帮助人体有效吸收维生素A、维生素D、维生素E等。

5. 氢化植物油

氢化植物油是将植物油在一定温度和压力下加氢催化而成的产物，俗称奶精或人造奶油。由于它能延长食品保质期，让糕点更酥脆，同时又因其熔点高，室温也可保持固体形状，而被广泛应用于食品加工过程中。然而在氢化过程中，植物油饱和脂肪酸含量会变高，其中的顺式脂肪酸变为反式脂肪酸，导致氢化植物油中含有大量的反式脂肪酸。经研究表明，反式脂肪酸的危害比饱和脂肪酸更大，容易导致血栓的形成，影响胎儿的健康等。

（二）光的折射

1. 光的折射产生的原因

光自一种介质进入另一种介质的时候，在分界面上，其传播方向发生了改变，且只有一部分光的进入第二种介质中，这种现象称为折射现象。折射现象的产生原因是两种介质的密度不同，使光的传播速度发生变化，如图4-10所示。

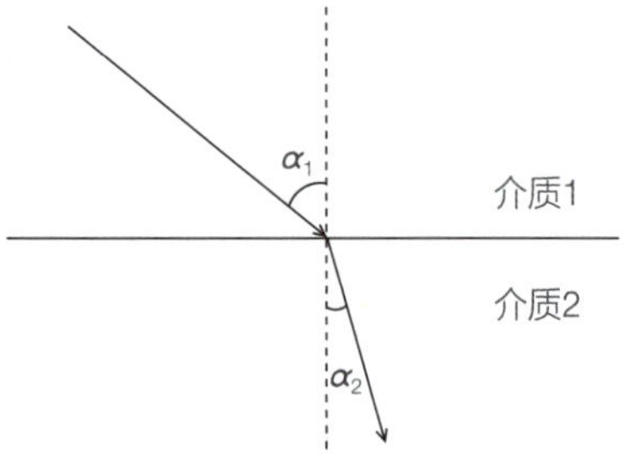

图4-10　光的折射

当光从光疏介质进到光密介质时，入射角大于折射角，当光从光密介质进到光疏介质时，入射角小于折射角。

2. 光的折射的表征参数

光的折射现象符合光的折射定律，入射角正弦与折射角正弦之比恒等于光在两种介质中的传播速度之比，即：

$$\frac{\sin\alpha_1}{\sin\alpha_2}=\frac{V_1}{V_2}$$

光的折射可用折射率来表示，光从真空射入某种介质发生折射时，入射角（α_1）的正弦与折射角（α_2）的正弦的比值称作这种介质的绝对折射率，简称折射率（$n_{介}$），即：

$$n_{介}=\frac{\sin_{空}\alpha_1}{\sin_{介}\alpha_2}$$

而某种介质的折射率，等于光在真空中的速度（C）跟光在这种介质中的速度（$V_{介}$）之比，即：

$$n_{介}=\frac{\sin_{空}\alpha_1}{\sin_{介}\alpha_2}=\frac{C}{V_{介}}$$

通过推导得到折射定律的表述如下：

$$\frac{\sin\alpha_1}{\sin\alpha_2}=\frac{V_1}{V_2}=\frac{\frac{C}{n_{介1}}}{\frac{C}{n_{介2}}}=\frac{n_{介1}}{n_{介2}}$$

3. 折射率测定的意义

折射率作为物质的一种物理性质，主要在测定物质的纯度、浓度、组成成分和鉴定未知化合物等方面发挥作用。

一般在食品生产加工过程中，以折射率作为工艺控制指标，对食品进行质量控制。通过测定液态的折射率，可以鉴别其组成，确定其浓度，判断其纯净程度及品质。如蔗糖溶液的折射率会随其浓度增大而升高；通过测定折射率可以确定糖液的浓度及饮料、糖水罐头等的糖度，还可以测定以糖为主要成分的果汁、蜂蜜等食品中可溶性固形物的含量。

折射率还可以用来鉴别油脂的组成和品质，各种油脂都具有其一定的脂肪酸构成，每种脂肪酸均有其特定的折射率，含碳原子数目相同时不饱和脂肪酸的折射率比饱和脂肪酸的折射率大得多；不饱和脂肪酸相对分子量越大，折射率也越大；酸度越高的油脂折射率越低；牛乳是否掺水也可以通过测定折射率检测，若牛乳乳清的折射率降低，则说明其中掺水。

4. 折射率的影响因素

折射率的大小与光经过的第二种介质的性质有关，并与测定时的温度和光线波长有关。温度越高，折射率越小，光线的波长越短，折射率越大，因此在实际实验测定中，给定物质的折射率符号为n_D^t，其中t为温度，除另有规定外，通常温度为20℃，D的含义为选择波长为589.6nm的钠光（D线）。

（三）折光仪

光线从光密介质进入光疏介质时，随着入射角不断变大，折射角也随之变大，同时折射光线变弱，反射光线变强，当入射角增大到某一角度时，折射角达到90°，折射光线消失，只剩下反射光线，此现象称为全反射，发生全反射时的入射角称为临界角（$\alpha_{临}$）（图4-11）。

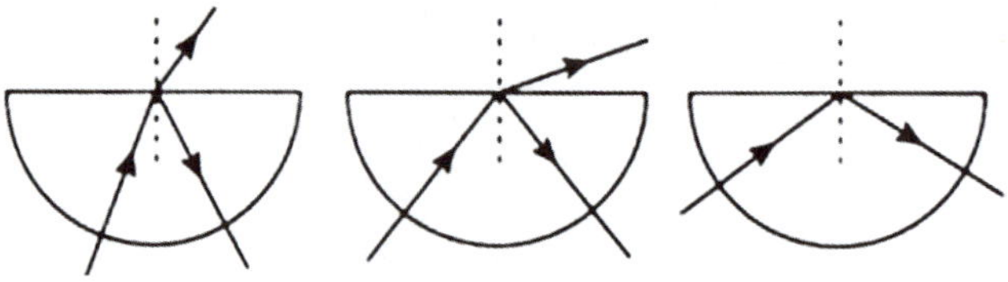

图4-11　全反射现象

折光仪是利用全反射现象测定物质折射率的仪器，食品工业中常用的是阿贝折光仪、手提式折光仪、数字阿贝折光仪，其中阿贝折光仪应用最广泛。

1. 阿贝折光仪的工作原理

光从光密介质到光疏介质中，入射角α_1等于临界角$\alpha_{临}$时，折射角α_2为90°，无折射光线，当0°～90°均有光线照射时，0°～$\alpha_{临}$有光线通过，产生明亮区，$\alpha_{临}$以外，由于发生全发射，无光线通过，产生暗区，因此造成阿贝折光仪观测镜筒内视野有明、暗区域（图4-12），将明暗交界面调至镜筒视野内的十字形交叉处（图4-13），进而得出待测物质的折射率。

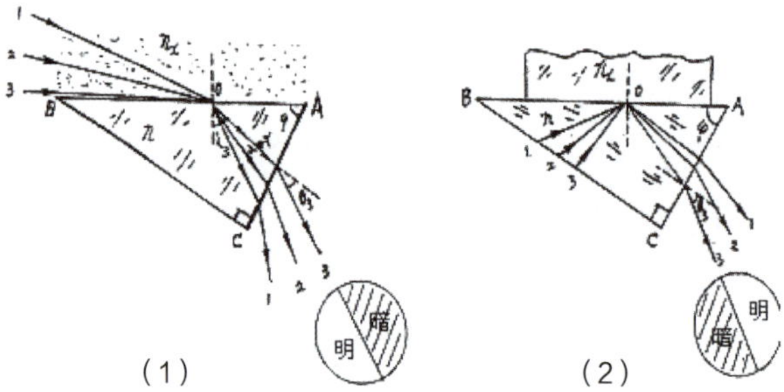

图4-12　阿贝折光仪工作原理

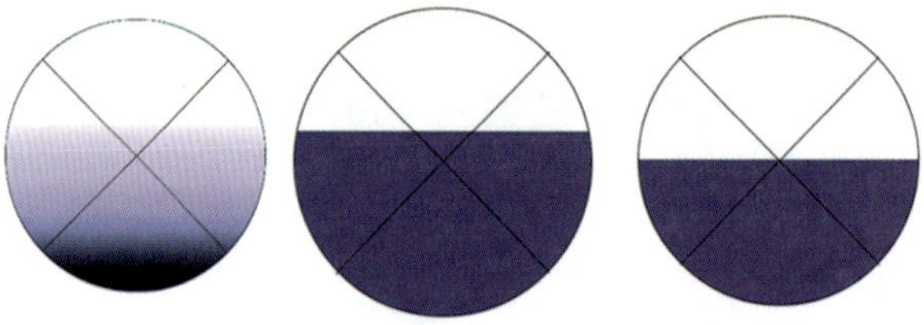

（1）出现明、暗区域　（2）调节明、暗位置　（3）交界在十字交叉处

图4-13　观测镜筒视野变化

2. 阿贝折光仪的组成

实验用阿贝折光仪一般有WZS-1型和2WAJ型（图4-14），主要由观察系统和读数系统组成。

观察系统包括反射镜、进光棱镜、折射棱镜、恒温器、棱镜锁紧扳手、色散刻度盘、消色调节旋钮、分界线调节旋钮、观察镜筒、目镜。

读数系统包括棱镜调节旋钮（刻度调节旋钮）、圆盘组（内有刻度板）、小反光镜、读数镜筒、目镜。

观察系统与读数系统通过支架、主轴相连接。

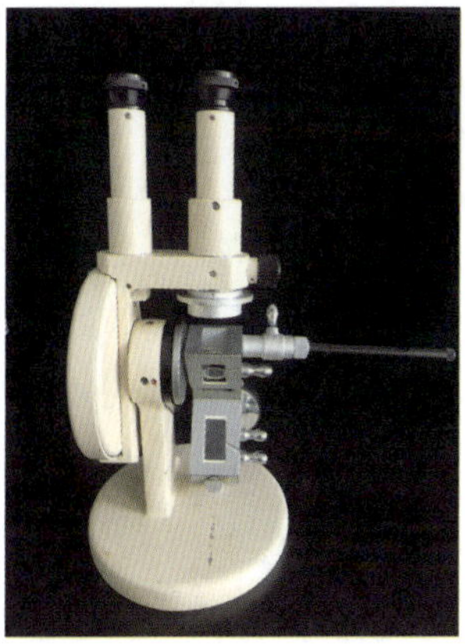

图4-14　2WAJ型折光仪

3. 阿贝折光仪的使用操作

（1）安装仪器。

（2）校正：目前国内阿贝折光仪测量范围多为1.3～1.7，最小读数为0.0001，仪器准确度可使用其自带溶液进行校正。通常最简单的校正方法是用纯水校正，20℃纯水折射率为1.3330，温度每上升或下降1℃折射率降低或升高0.0001（水的折射率在20℃时为1.3330，25℃ 时为1.3325，40℃时为1.3305）。

（3）测量样品。

4. 阿贝折光仪的使用注意事项

（1）仪器必须置于有充足光线的干燥房间，不可在有酸碱气或潮湿的实验室中使用，更不可将仪器放置于高温炉或水槽旁。

（2）因物质折射率受温度影响，测定前样品温度需恒定0.5h。

（3）禁止使用阿贝折光仪测定强酸强碱性样品或腐蚀性样品。

（4）滴加样品时，注意玻璃棒或滴管不要触碰仪器棱镜，以免使镜面产生划痕。

（5）注意加样量，样品在棱镜上形成一层均匀薄膜即可，样品过多会流出棱镜外部，过少则使测定视野模糊不清，甚至掺入气泡，影响测定结果。

（6）读数时，视野中的黑白交叉点必须明显，且准确位于十字交叉线上。

（7）测定过程中，注意使用卫生，及时擦拭溢出或遗洒的液体；测定完毕后，及时擦拭仪器部件。

（四）检测原理

油脂的折射率是指光线由空气进入油脂中，形成的入射角正弦与折射角正弦的比值，由于发生全反射现象，依据折射定律，当入射角α_1为临界角，折射角α_2为90°，光线在棱镜中的折射率为n_1，在待测样液中的折射率为n_2，可推导得出待测油脂的折射率，即：

$$n_2 = n_1 \times \frac{\sin\alpha_{临}}{\sin\alpha_{折}} = n_1 \times \sin\alpha_{临}$$

式中，n_1为已知棱镜折射率，因此只需测得临界角角度，即可得到被测油脂的折射率。

上述所得的折射率为样品在某一测定温度t条件下的折射率n^t，最终需要将其转换为20℃条件下折射率，即n^{20}，转换公式如下：

$$n^{20} = n^t + 0.00035 \times (t - 20)$$

二、问题探究

1. 阿贝折光仪视野是否只需调节明暗?

不是。用阿贝折光仪测定折射率时，首先要调节至视野明亮，之后调节明暗并使界面在十字交叉线上，而明暗十字交叉线，表示入射角刚好90°，进而可得到待测物质的折射率。

2. 常见植物油的折射率范围是多少?

花生油折射率：1.4625～1.4645；大豆油折射率：1.4722～1.4760。

三、资源链接

植物油折射率的测定课件

植物油折射率的测定配套微课

提示

在整个任务实施过程中，应遵守实验室用水、用电安全操作指南及实验室各项规章制度和玻璃器皿的安全使用规范。

任务实施

一、实验准备

配图	仪器与用具	操作说明
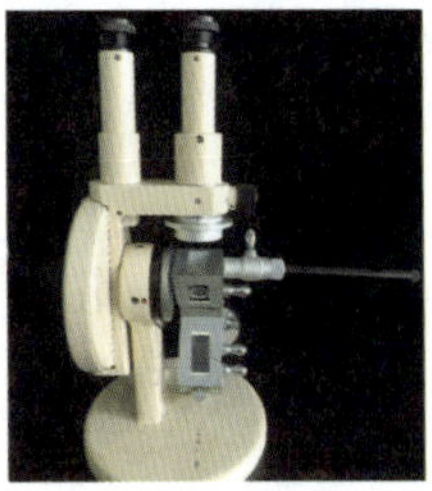	阿贝折光仪	（1）阿贝折光仪的折射率测定范围为$n_D = 1.300$至$n_D = 1.700$； （2）折射率读数精确度为±0.0001； （3）阿贝折光仪装有消色差补偿系统

配图	仪器与用具	操作说明
	分析天平（感量为0.001g）及电热干燥箱	称量完毕后，及时取出被称物品，并保持天平清洁
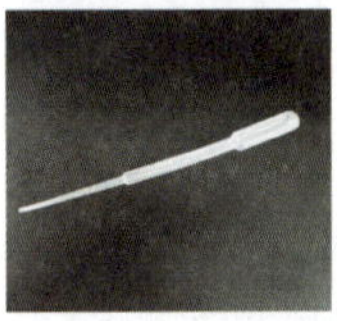	一次性塑料吸量管、烧杯等	—
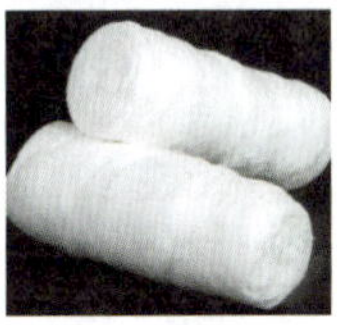	脱脂棉	—
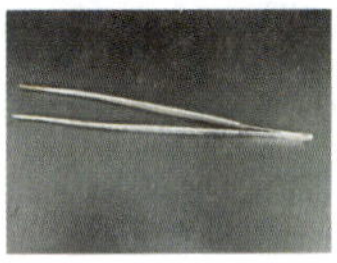	镊子	—

二、实施操作

1. 试剂

试剂名称	操作说明
十二烷酸乙酯	数值已知，用于校准仪器
己烷	用于清洗阿贝折光仪棱镜，也可用其他合适溶剂，如石油醚、丙酮、甲苯等

2. 样品制备

配图	操作步骤	操作说明
	（1）混匀：摇匀装有样品的容器，使样品尽可能均匀	依据GB/T 15687—2008操作

配图	操作步骤	操作说明
	（2）干燥：按照每10g样品加1～2g的比例加入无水硫酸钠，置于高于样品熔点10℃的干燥箱中干燥样品	干燥时间尽可能短，尽可能在氮气气流保护下干燥，且温度不超过50℃

3. 阿贝折光仪校准

配图	操作步骤	操作说明
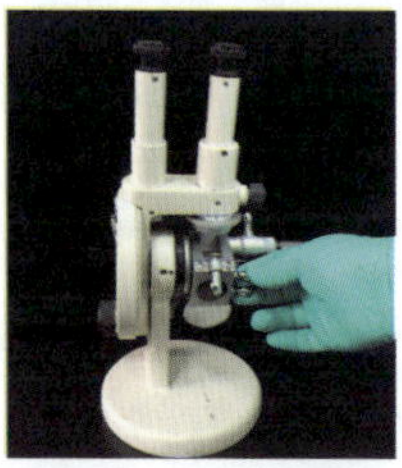	校准方法一： 按照操作说明书进行	通过测定标准玻璃板或十二烷酸乙酯折射率对仪器进行校准
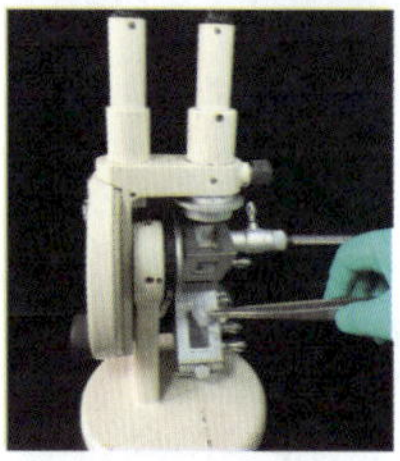	校准方法二： （1）以脱脂棉球蘸取乙醇擦净棱镜表面，挥干乙醇	通过蒸馏水校准
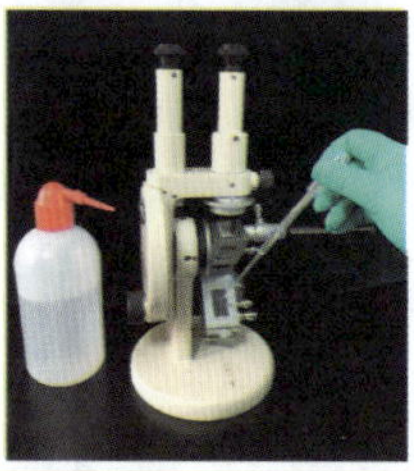	（2）在下棱镜上滴加2滴蒸馏水	—
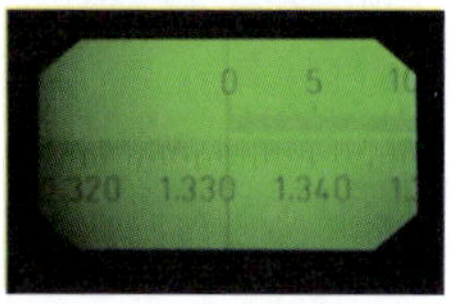	（3）闭合两块棱镜，转动棱镜调节旋钮，使读数镜内显示的上行刻度线数值为“0”	—
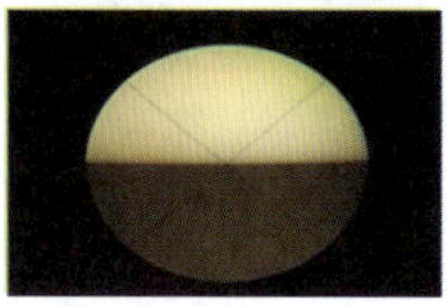	（4）观察黑白分界线是否在十字线中间	如有偏差，则调节分界线调节旋钮

4. 样品测定

配图	操作步骤	操作说明
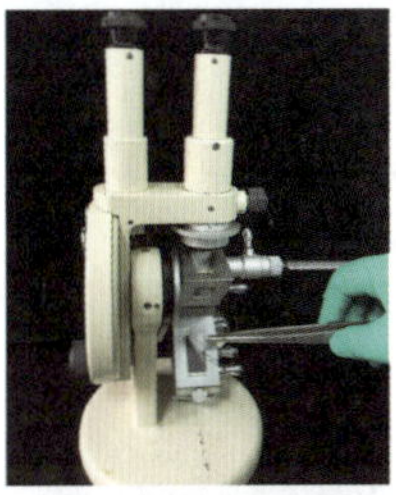	（1）以脱脂棉球蘸取乙醇擦净棱镜表面，挥干乙醇	—
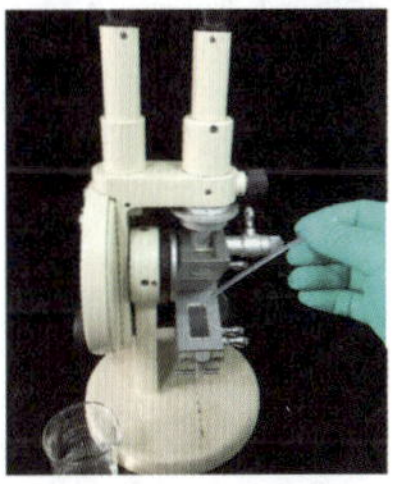	（2）滴加1～2滴样液于下棱镜的中央	（1）注意滴管不要触碰棱镜； （2）样品滴加量适中
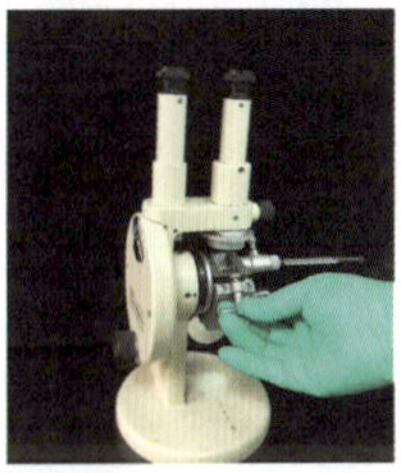	（3）闭合两块棱镜，调节反光镜，使镜筒内视野最亮	—
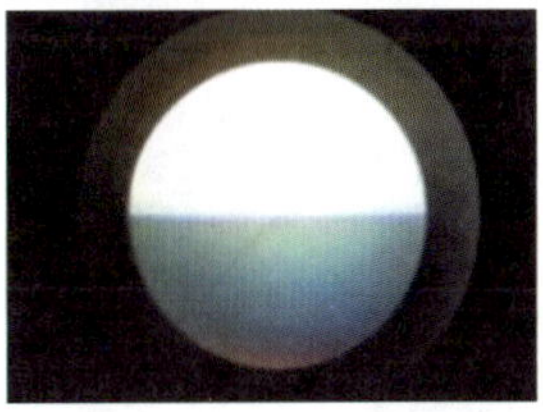	（4）由目镜观察，转动棱镜旋钮，使视野出现明暗两部分	如图4-13（1）所示
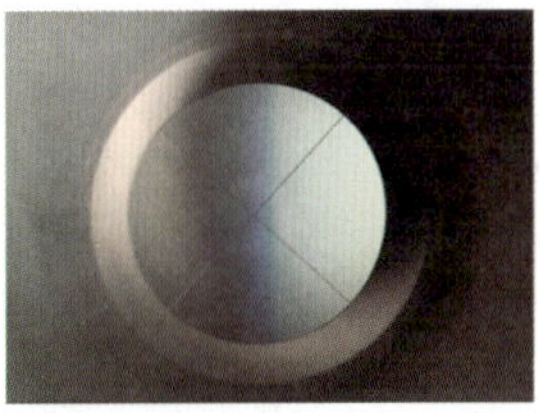	（5）旋转色散补偿器旋钮，使视野中只有黑白两色	如图4-13（2）所示
	（6）旋转棱镜旋钮，使明暗分界线在十字线交叉点	如图4-13（3）所示

配图	操作步骤	操作说明
	（7）从读数镜筒中读取折射率	记录测定温度
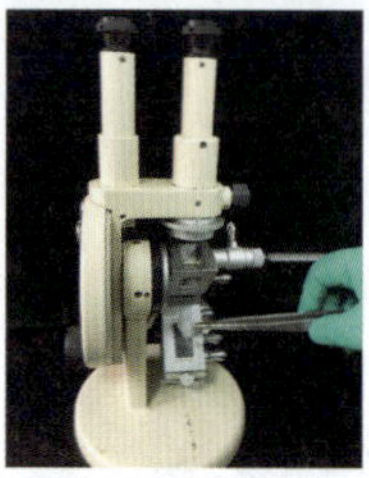	（8）测定结束后，清洁棱镜	先用软布，再用以试剂湿润的棉花球擦拭棱镜表面，使其自然干燥

5. 记录原始数据（表4-6）

表4-6　植物油折射率的测定数据记录表

<table>
<tr><td>样品</td><td></td><td colspan="2">检测方法</td><td></td><td>检测项目</td><td></td></tr>
<tr><td colspan="4">样品编号</td><td>Ⅰ</td><td>Ⅱ</td><td>Ⅲ</td></tr>
<tr><td colspan="3">测定温度（℃）</td><td>t</td><td></td><td></td><td></td></tr>
<tr><td colspan="3">样品折射率读数</td><td>n^t</td><td></td><td></td><td></td></tr>
<tr><td colspan="3">样品折射率校正值</td><td>n^{20}</td><td></td><td></td><td></td></tr>
<tr><td colspan="3">样品折射率校正值的平均值</td><td>$\overline{n^{20}}$</td><td colspan="3"></td></tr>
<tr><td colspan="4">植物油是否新鲜</td><td colspan="3"></td></tr>
</table>

6. 原始数据处理

样品折射率校正值的计算公式如下：

$$n^{20}=n^t+0.00035\times(t-20)$$

式中　n^{20}——样品折射率校正值（即样品20℃时的折射率）

n^t——样品折射率读数

t——测定温度，℃

评价反馈

"植物油折射率的测定"考核评价表

学生姓名:____________ 班级:____________ 日期:____________

评价方式	考核项目		评价项目	评价要求	不合格	合格	良	优
自我评价（10%）	相关知识		了解植物油折射率及其测定方法	相关知识输出正确（1分）	0	1	—	2
			掌握折射率测定原理	能利用检测原理正确解释实验现象（1分）				
	实验准备		准确配制试剂	试剂配制准确（4分）	0	4	—	8
			正确准备仪器	仪器准备正确（4分）				
学生互评（20%）	操作技能		能熟练进行植物油折射率的测定,（样品编号、样品干燥、仪器准备、仪器校准、视野调节、读数、仪器清洁等）操作规范	实验过程操作规范熟练（15分）	0	5	10	15
			能正确、规范记录结果并进行数据处理	原始数据记录准确、处理数据正确（5分）	0	2	4	5
教师学业评价（70%）	课前	通用能力	课前预习任务	课前任务完成认真（5分）	0	2	4	5
	课中	专业能力	实际操作能力	正确解读国家标准（10分）	0	3	6	10
				操作规范，准确判断滴定终点（10分）	0	3	6	10
				对实验结果进行准确记录和数据处理（10分）	0	3	6	10
				两次独立测定结果的绝对差值不超过算数平均值的5%（5分）	0	1	3	5
				结果记录真实，字迹工整，报告规范（5分）	0	1	3	5
		工作素养	发现并解决问题的能力	善于发现并解决实验过程中的问题（5分）	0	5	10	15
			时间管理能力	合理安排时间，严格遵守时间安排（5分）				
			遵守实验室安全规范	（仪器拿取、仪器使用、清洗、调节视线）操作符合安全规范（5分）				

续表

评价方式	考核项目		评价项目	评价要求	不合格	合格	良	优
	课后	技能拓展	果汁中固形物的测定	正确规范完成（10分）	0	5	—	10
总分								

注：①每个评分项目里，如出现安全问题则为0分；
②本表与附录2《职业素养考核评价表》配合使用。

学习心得

拓展训练

- 完成中果汁中固形物的测定，绘制相关操作流程小报并录制视频。
（提示：利用互联网、国家标准、微课等。）
- 拓展所学任务，线上查找相关知识，加深对相关知识的学习。
（例如，中国大学MOOC https://www.icourse163.org/；智慧职教 https://www.icve.com.cn等。）

巩固反馈

1. 植物油折射率可作为其（　　）的标志。

A. 纯度　　B. 透明度　　C. 酸度

2. 光的折射现象是由于（　　）。

A. 光在各种介质中行进方式不同造成的　B. 光是直线传播的

C. 两种介质不同造成的　D. 光在各种介质中行进的速度不同造成的

3. 简述阿贝折光仪使用的注意事项。

4. 学生课后总结所学内容，与老师和同学进行交流讨论并完成本任务的教学反馈。

任务 4　面包比体积的测定

学习目标

知识目标

1. 了解面包比体积的概念及测定意义。
2. 了解冰淇淋膨胀率和固体饮料比体积的测定原理及步骤。
3. 掌握面包比体积的计算方法。

技能目标

1. 能正确查找相关资料获取样品比体积的检验方法。
2. 能够独立进行面包比体积的测定。
3. 能进行面包比体积的数据处理和结果判断。

素养目标

1. 通过阐述面包膨松剂的作用机理，列出膨松剂的限量标准，分析面包比体积检测意义，树立依法依规使用食品添加剂的意识。
2. 通过分享我国面包行业在原料、生产工艺、产品和检测等方面的标准化和专业化，增强民族自豪感。
3. 严格按照实验现场7S管理规范进行整理清扫和回收，树立环保意识。

任务描述

比体积是固态食品如固体饮料、面包、饼干、冰淇淋等食品的一项重要物理指标，这些指标直接影响产品的感官质量，也是其生产工艺中的质量控制的重要参数。我们将按照如图4-15所示的环节完成学习任务。

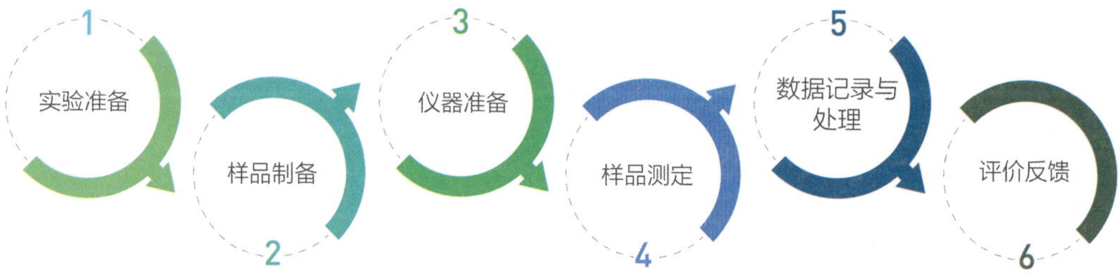

图4-15　“任务4　面包比体积的测定”实施环节

任务要求

1. 独立完成面包比体积的检测任务。
2. 学会判断面包质量和风味。

课前准备

一、学习资源准备

通过网络获取JJG 196—2006《常用玻璃量器检定规程》、GB/T 602—2002《化学试剂 杂质测定用标准溶液的制备》、GB/T 603—2023《化学试剂 试验方法中所用制剂及制品的制备》、GB/T 8170—2008《数值修约规则与极限数值的表示和判定》等相关资料。

二、完成预习任务

1. 阅读学习相关资源，归纳面包比体积的测定相关知识。
2. 绘制操作流程小报并初拟实验方案。
3. 完成老师发布的预习小测验等相关预习任务，手机扫码完成课前测试。

面包比体积的测定课前测试

三、完成课前讨论

1. 完成《学情分析表》(附录1)。
2. 在线提出预习中存在的问题，并进行讨论。

思政园地

《中华人民共和国食品安全法》规定食品生产经营者应当按照食品安全国家标准使用食品添加剂。作为食品人，应做到求真求精严标准，依法依规保食安。

知识链接

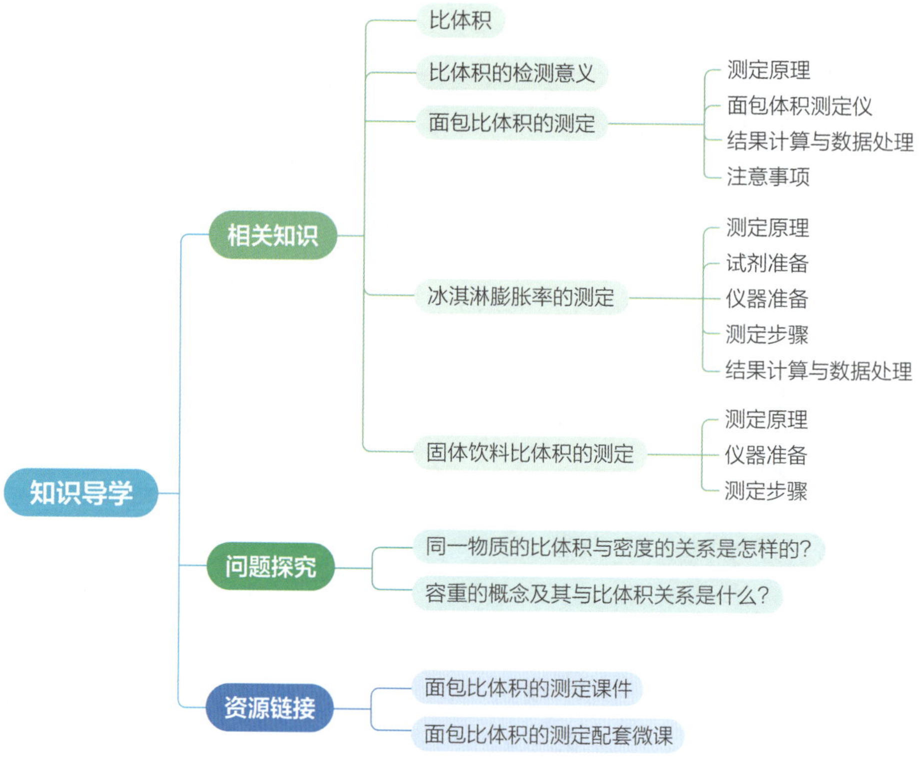

图4-16 “面包比体积的测定”知识思维导图

一、相关知识

（一）比体积

比体积是指单位质量的固体食品所具有的体积（mL/100g或mL/g）。固体食品的表观体积与质量的关系，即比体积，是一项重要的物理指标，与此相关的物理指标还有固体饮料的颗粒度（%）、饼干的块数（块/kg）、冰淇淋的膨胀率（%）等。常见食品比体积标准值如表4-7所示。

表4-7 常见食品比体积标准值

产品名称	标准编号	标准值
面包	—	≤7.0mL/g
小麦粉馒头	GB/T 21118—2007	≥1.7mL/g
冰淇淋	SB/T 10418—2017（《软冰淇淋》）	≤80%

（二）比体积的检测意义

比体积直接影响产品的感官质量，是固体食品生产工艺中质量控制的重要指标。固体食品的比体积过小，密度则太大，则面包的组织不均匀，口感不好；比体积过大，则密度过小，则面包组织粗糙，质量降低。

（三）面包比体积的测定

1. 测定原理

面包体积测定仪采用填充物置换法测定面包体积，即样品室放置面包时，样品所占体积将填充物排挤到玻璃刻度管中，该体积减去样品室不放样品时的体积即所测面包体积。

2. 面包体积测定仪

面包体积测定仪由顶箱、标尺、面包模块等主要部分组成，如图4-17所示。

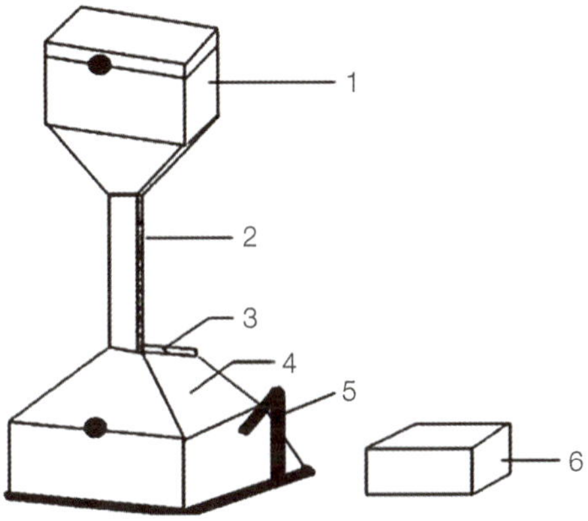

1—顶箱　2—标尺　3—插板　4—底箱
5—支架　6—面包模块

图4-17　面包体积测定仪示意图

3. 结果计算与数据处理

面包比体积按下式计算：

$$P=\frac{V}{m}$$

式中　P——面包的比体积，mL/g

V——面包体积，mL

m——面包质量，g

两次平行测定数值，允许误差0.1≤mL/g，取其平均数为测定结果。

4. 注意事项

（1）面包体积测定仪要安置在干燥、清洁处，保持箱体内清洁卫生。

（2）每次实验前要检查零点，实验后要将待测食品的碎渣清理干净。

（3）在使用过程中，插板的插入和拔出的用力要求适当，要使填充物自然落下，不要碰撞仪器，以免影响测量结果。

（4）填充物使用前的处理：将除去杂质并洗去灰尘的填充物2kg，晾干后放入105℃以下的烘箱内，烘干，取出冷却后放入塑料袋中备用。

（四）冰淇淋膨胀率的测定

冰淇淋的膨胀率即指混合原料在凝冻成冰淇淋后体积增加的比例（%）。冰淇淋适度膨胀可以使其品质比不膨胀的或膨胀不够的冰淇淋更适口，又因空气微泡均匀地分布于冰淇淋组织中，可使冰淇淋成形硬化后持久不融。但如对冰淇淋的膨胀率控制不当，则得不到优良的冰淇淋，膨胀率过高，则组织较松软；膨胀率过低，则组织坚实。

1. 测定原理

取一定体积的冰淇淋融化，加乙醚消泡后滴加蒸馏水定容，根据滴加蒸馏水的体积和加入乙醚的体积，计算冰淇淋体积的比例。

2. 试剂准备

乙醚（分析纯）。

3. 仪器准备

（1）取样器：容积为25.0～50.0cm^3，中空薄壁，无底无盖，便于插入冰淇淋内取样的取样器。

（2）容量瓶：200mL和250mL容量瓶。

（3）滴定管：50mL滴定管，最小刻度为0.1mL。

（4）单标线吸量管：2mL。

（5）长颈玻璃漏斗：直径75mm。

（6）薄刀。

（7）电冰箱：可达-18℃。

（8）电热恒温水浴器：25～100℃。

4. 测定步骤

（1）样品制备　将冰淇淋样品置于电冰箱中，冷却至-18℃以下。

（2）样品量取　先将取样器及薄刀放在电冰箱中预冷至-18℃，然后将预冷的取样器迅速平稳地按入冰淇淋样品的中央部位，使冰淇淋样品充满取样器，用薄刀切平两头，并除去取样器外粘附的冰淇淋。

（3）测定　将取样器内容物放入插在250mL容量瓶中的玻璃漏斗中，另外用200mL容量瓶准确量取200mL蒸馏水，分数次缓慢地加入漏斗中，使样品全部移入容器瓶。然后将容量瓶放在45℃±5℃的水浴器中保温，待泡沫基本消除后，冷却至与所加蒸馏水相同的温度。用单标线吸量管吸取2mL乙醚，迅速注入容量瓶内，去除溶液中剩余的泡沫，用滴定管滴加蒸馏水，至容量瓶刻度为止，记录滴加蒸馏水的体积。

5. 结果计算与数据处理

样品的膨胀率按下式计算：

$$B=\frac{V_1+V_2}{V-(V_1+V_2)}\times 100\%$$

式中　B——样品的膨胀率，%

V——取样器体积，mL

V_1——加入乙醚的体积，mL

V_2——加入蒸馏水的体积，mL

平行测定的结果，用算术平均值表示，所得结果保留至一位小数。

（五）固体饮料比体积的测定

1. 测定原理

取100g的固体饮料，装入量筒中摇平后测定固体饮料的体积，即固体饮料的比体积。

2. 仪器准备

（1）分析天平（精确至0.1g）。

（2）250mL量筒。

3. 测定步骤

称取固体饮料100g，倒入250mL量筒中，轻轻摇匀后记录固体颗粒度的体积，即固体饮料的比体积。

二、问题探究

1. 同一物质的比体积与密度的关系是怎样的?

比体积是指单位质量的固体食品所具有的体积，单位为mL/g或mL/100g；密度是指单位物质的质量，单位为kg/m^3或g/cm^3，在数值上二者互为倒数。

2. 容重的概念及其与比体积的关系是什么?

容重是粮食籽粒在单位容积内的质量，单位为g/dm^3，与比体积互为倒数。

三、资源链接

面包比体积的测定课件

面包比体积的测定配套微课

任务实施

> **提示**
>
> 在整个任务实施过程中应遵守实验室用水、用电安全操作指南及实验室各项规章制度和玻璃器皿的安全使用规范。

一、实验准备

配图	仪器与设备	操作说明
	JMTY型面包体积测定仪	（1）仪器要安置在干燥、清洁处，保持箱体内清洁卫生； （2）每次使用前要检查零点，使用后要将测定食品的碎渣清理干净； （3）仪器适用电源为：AC 220V，50Hz； （4）仪器使用温度：5~40℃；相对湿度：10%~85%； （5）使用时不要碰撞仪器，以免影响测量结果
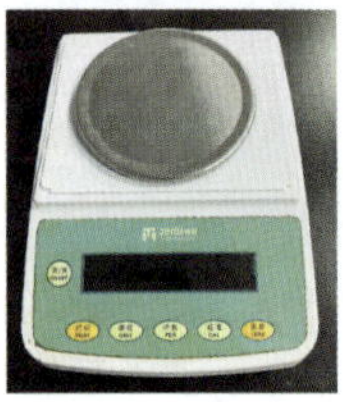	电子天平	—

二、实施操作

1. 当待测面包体积≤400mL时

配图	操作步骤	操作说明
	（1）称量待测面包质量	精确至0.1g
	（2）把底箱盖盖好，打开顶箱盖和插板，从顶箱放入填充物，至标尺零线	标尺调至零线
	（3）盖好顶盖后，反复颠倒几次，再调整填充物加入量至标尺零线	（1）反复颠倒后，消除死角空间； （2）标尺再次调至零线处

配图	操作步骤	操作说明
	（4）将填充物倒置于顶箱，关闭插板开关，打开底箱盖，放入待测面包，盖好底盖	（1）倒置后关闭插板开关； （2）放入待测面包后将底盖盖好
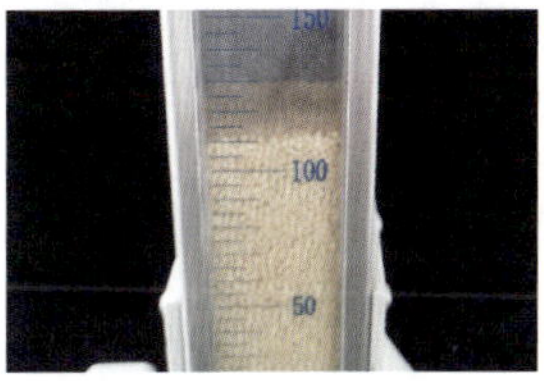	（5）再将仪器颠倒，恢复底箱在下，顶箱在上，拉开插板使填充物自然落下，在标尺上读出填充物的刻度，即面包实测体积	读数时，视线与刻度线平行

2. 当待测面包体积＞400mL时

配图	操作步骤	操作说明
	（1）称量待测面包质量	精确至0.1g
	（2）先把底箱盖打开，放入400mL的标准模块，盖好底箱	此处放入的是400mL的模块，而非待测面包
	（3）打开顶箱盖子和插板，从顶箱放入填充物至标尺零线；盖好顶盖后，反复颠倒几次，再调整填充物加入量至标尺零线	（1）标尺调至零线； （2）反复颠倒后，消除死角空间； （3）标尺再次调至零线处
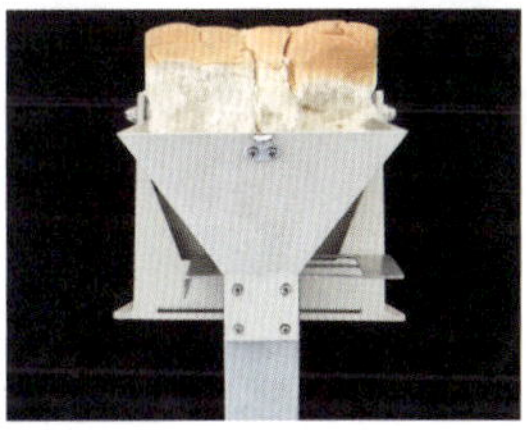	（4）将填充物倒置于顶箱，关闭插板开关，打开底箱盖，放入待测面包，盖好底盖	（1）倒置后关闭插板开关； （2）放入待测面包后将底盖盖好

配图	操作步骤	操作说明
	（5）再将仪器颠倒，恢复底箱在下，顶箱在上，拉开插板使填充物自然落下，在标尺上读出填充物的刻度，即面包实测体积	读数时，视线与刻度线平行

3. 记录原始数据（表4-8）

表4-8　面包比体积的测定数据记录表

样品		检测方法		检测项目	
样品编号			Ⅰ	Ⅱ	Ⅲ
面包质量（g）		m			
实际测定体积（mL）		V			
比体积（mL/g）		P			
比体积平均值（mL/g）		$\bar{P}$			
面包质量是否合格					
数据处理					

4. 原始数据处理

面包比体积计算公式如下：

$$P=\frac{V}{m}$$

式中　P——面包的比体积，mL/g

V——面包体积，mL

m——面包质量，g

在重复条件下获得的两次独立测定结果的绝对差值不超过0.1mL/g。

评价反馈

"面包比体积的测定"考核评价表

学生姓名:____________ 班级:____________ 日期:____________

评价方式	考核项目		评价项目	评价要求	不合格	合格	良	优
自我评价（10%）	相关知识		了解比体积、膨胀率等相关知识	相关知识输出正确（1分）	0	1	—	2
			掌握面包体积测定仪结构原理	能利用检测原理正确解释实验现象（1分）				
	实验准备		准确准备测定样品	测定样品准备准确（4分）	0	4	—	8
			正确准备仪器	仪器准备正确（4分）				
学生互评（20%）	操作技能		能熟练进行面包比体积的测定	实验过程操作规范熟练（15分）	0	5	10	15
			能正确、规范记录结果并进行数据处理	原始数据记录准确、处理数据正确（5分）	0	2	4	5
教师学业评价（70%）	课前	通用能力	课前预习任务	课前任务完成认真（5分）	0	2	4	5
	课中	专业能力	实际操作能力	准确进行零点校正（10分）	0	3	6	10
				准确进行面包比体积的测定（10分）	0	3	6	10
				对实验结果进行准确记录和数据处理（10分）	0	3	6	10
				两次独立测定结果的绝对差值不超过算数平均值的5%（10分）	0	3	6	10
		工作素养	发现并解决问题的能力	善于发现并解决实验过程中的问题（5分）	0	5	10	15
			时间管理能力	合理安排时间，严格遵守时间安排（5分）				
			遵守实验室安全规范	操作符合安全规范（5分）				
	课后	技能拓展	冰淇淋膨胀率的测定	正确规范完成（10分）	0	5	—	10
总分								

注：①每个评分项目里，如出现安全问题则为0分；
②本表与附录2《职业素养考核评价表》配合使用。

学习心得

拓展训练

- 完成冰淇淋膨胀率的测定，绘制相关操作流程小报并录制视频。
  （提示：利用互联网、国家标准、微课等。）
- 拓展所学任务，线上查找相关知识，加深对相关知识的学习。
  （例如，中国大学MOOC https://www.icourse163.org/；智慧职教 https://www.icve.com.cn等。）

巩固反馈

1. 比体积可以判断（　　）的品质。
   A. 固体饮料　　B. 牛乳
   C. 食用油　　D. 冰淇淋
2. 做面包比体积测定时，可选用（　　）作为填充物。
   A. 沙粒　　B. 小米
   C. 水　　D. 乙醚
3. 学生课后总结所学内容，与老师和同学进行交流讨论并完成本任务的教学反馈。

任务 5　味精旋光度的测定

学习目标

知识目标

1. 了解旋光度和比旋光度的概念及测定意义。
2. 掌握谷氨酸钠的基本特征及含量的计算方法。
3. 了解旋光仪的结构原理及使用方法。

技能目标

1. 能正确查找相关资料获取样品旋光度的检验方法。
2. 能够独立进行味精旋光度的测定。
3. 能进行味精旋光度测定的数据处理和结果判断。

素养目标

1. 通过分析味精掺假食品安全事件，归纳味精旋光度的检测意义，帮助学生树立自律、自觉守法意识，严格按照国家标准生产和检测。
2. 通过对谷氨酸钠功效与危害的学习，培养学生的辩证思维能力。
3. 严格遵守7S管理规范，确保检测质量，杜绝安全事故，增强安全意识。

任务描述

味精是调味料的一种，主要成分为谷氨酸钠。味精的主要作用是增加食品的鲜味，在中餐里用的最多，也可用于做汤和调味汁。但是一些无良厂家为降低成本，在味精中掺杂食盐、淀粉、小苏打、石膏、硫酸镁、硫酸钠或其他无机盐类，所以必须对味精中的谷氨酸钠含量进行监控与检测。现有一种味精样品，试选取相应仪器，依据GB 5009.43—2023《食品安全国家标准　味精中谷氨酸钠的测定》中的第二法——旋光法，按照如图4-18所示的环节完成学习任务。

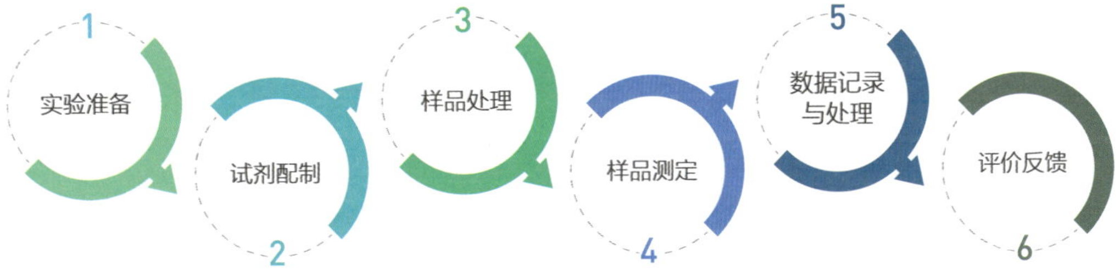

图4-18　“任务5　味精旋光度的测定”实施环节

任务要求

1．独立完成味精旋光度的检测任务。

2．学会判断味精是否掺假的方法。

课前准备

一、学习资源准备

通过网络获取GB 5009.43—2023《食品安全国家标准　味精中谷氨酸钠的测定》及JJG 196—2006《常用玻璃量器检定规程》、GB/T 602—2023《化学试剂　杂质测定用标准溶液的制备》、GB/T 603—2002《化学试剂　试验方法中所用制剂及制品的制备》、GB/T 8170—2008《数值修约规则与极限数值的表示和判定》等相关资料。

二、完成预习任务

1．阅读学习相关资源，归纳味精旋光度的测定相关知识。

2．绘制操作流程小报并初拟实验方案。

3．完成老师发布的预习小测验等相关预习任务，手机扫码完成课前测试。

味精旋光度的测定课前测试

三、完成课前讨论

完成《学情分析表》(附录1)。

思政园地

《中华人民共和国食品安全法》规定生产经营者不得使用腐败变质、油脂酸败、霉变生虫、污秽不洁、混有异物、掺假掺杂或者感官性状异常的食品、食品添加剂从事食品生产经营活动。

知识链接

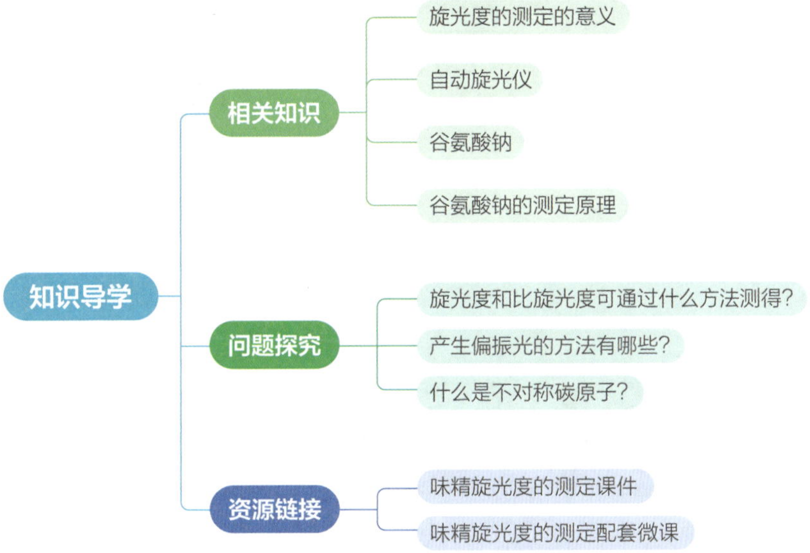

图4-19 “味精旋光度的测定”知识思维导图

一、相关知识

（一）旋光度的测定的意义

旋光度的测定可用于糖类、味精及氨基酸的含量分析，还可用于谷类食品中淀粉含量的测定。当食品中含有糖类、氨基酸、乳酸、苹果酸、酒石酸等具有旋光性的物质，就可测定其物理常数比旋光度。

（二）自动旋光仪

自动旋光仪是一种测量旋光性化合物的旋光性能的仪器，它主要由单色光源、两个起偏镜、旋光管、回转刻度盘和目镜组成，单色光（常用钠灯的黄光λ =589.6mm）经起偏镜（固定的Nicol棱镜）产生平面偏振光，检偏镜是可以旋转的起偏镜，用来测定偏振面的改变情况，回转刻度盘可以直接读出偏振面改变的角度（图4-20）。

仪器采用20W钠光灯做光源，由小孔光阑和物镜组成一个简单的点光源平行光管（图4-21），平行光经起偏镜变为平面偏振光，其振动平面为OO［图4-22（1）］，当偏振光经过有法拉第效应的磁旋线圈时，其振动平面产生50Hz的β角往复摆动［图4-22（2）］，光线经过检偏镜投射到光电倍增管上，产生交变的电讯号。仪器正常使用后，可以直接读出被测溶液的旋光度。

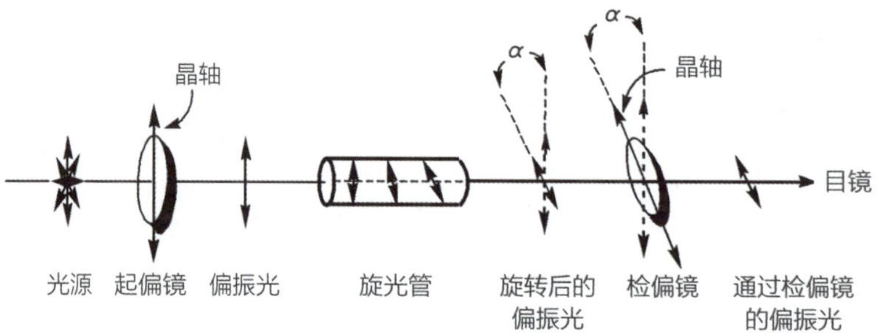

图4-20 旋光仪构造原理图

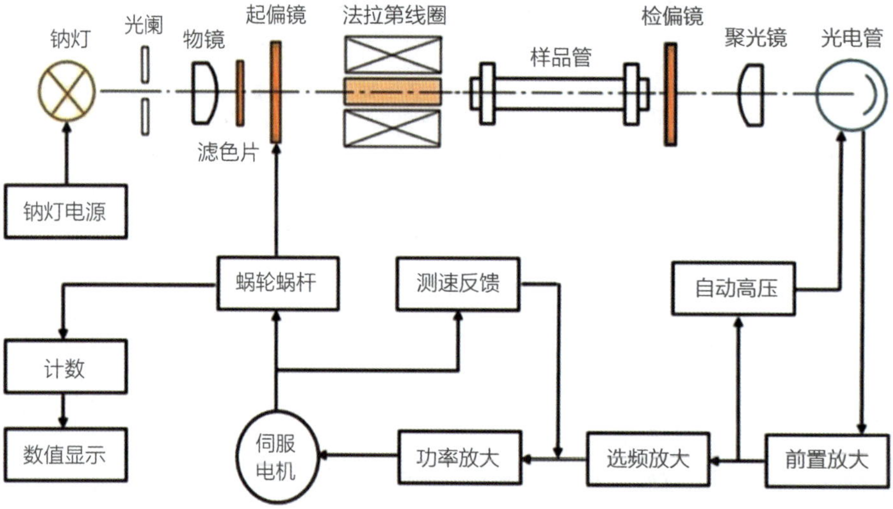

图4-21 自动旋光仪系统框架图

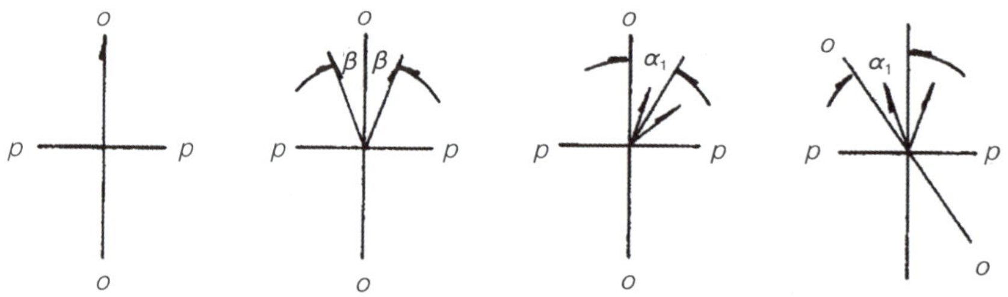

（1）起偏镜产生的偏振光在OO平面内振动　（2）通过磁旋线圈后的偏振光振动面以β角摆动　（3）通过样品后的偏振光振动面旋转α_1角　（4）仪器示数平衡后起偏镜反向转过α_1角补偿了样品的旋光度

图4-22 *OO*为起偏镜的偏振轴，*PP*为检偏镜的偏振轴

（三）谷氨酸钠

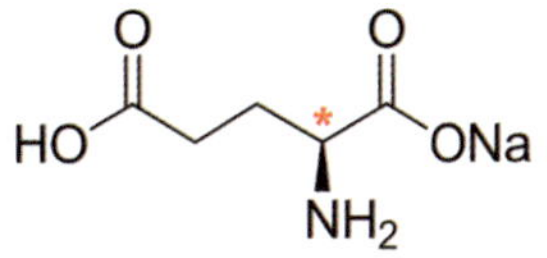

图4-23 谷氨酸钠结构式示意图

谷氨酸钠（$C_5H_8NNaO_4$，$NaOOC-CHNH_2-CH_2-CH_2-COOH$），化学名$\alpha$-氨基戊二酸一钠，摩尔质量为169.111g/mol，IUPAC名为Sodium 2-aminopentanedioate，是一种由钠离子与谷氨酸根离子形成的盐（图4-23）。

谷氨酸钠的分子结构中含有一个不对称碳原子，具有光学活性，能使偏振光面旋转一定角度。谷氨酸钠呈无色至白色棱柱状结晶或白色结晶性粉末，其水溶液无色，熔点为225℃，基本无特殊气味，具有强烈的肉类鲜味，略有甜味或咸味。

1866年，德国化学家卡尔·海因里希·利奥波德·瑞特豪森将小麦麸用硫酸水解得到酸性氨基酸。1908年，日本科学家池田菊苗博士利用海带单独分离出某种味美成分，并证明了这种味美成分就是谷氨酸钠盐，从而生产出化学调味料投放市场。生活中常用的味精的主要成分就是谷氨酸钠。番茄、发酵的大豆制品、酵母提取物、某些乳酪，以及发酵或水解蛋白质产品（如酱油或豆酱等）所能带来的部分调味作用就归功于谷氨酸钠的存在。

味精指以粮食及其制品为原料经发酵提纯的谷氨酸钠，具有很强的类似肉类的鲜味，市场上销售的味精按谷氨酸钠含量可分为99%，98%，95%，90%，80%等，如果测定出的含量小于其标示量，大部分的情况是因为加入了过多的食盐。

（四）谷氨酸钠的测定原理

谷氨酸钠的分子结构中含有一个不对称碳原子，具有光学活性，能使偏振光面旋转一定角度，因此可用旋光仪测定旋光度，根据旋光度换算谷氨酸钠的含量。

食用味精为L-谷氨酸钠盐，在水溶液中比旋光度为+12.1，而在2mol/L盐酸溶液中为+32。L-谷氨酸在盐酸溶液中的比旋光度在一定盐酸浓度范围内随酸度增加而增加。在测定味精纯度时加入盐酸使其浓度为2mol/L，此时谷氨酸钠以谷氨酸的形式存在。在一定的温度下测定其比旋光度，并与该温度下纯L-谷氨酸的比旋光度比较，即可求得味精中谷氨酸钠的百分含量，即味精纯度。结晶味精的纯度可达99%以上。

L-谷氨酸的比旋光度与温度的关系可用下式表示：

$$[\alpha]_D^{20}=[\alpha]_D^t+0.06(20-t)$$

式中 0.06——L-谷氨酸比旋光度的温度校正系数

t——测定温度

$[\alpha]_D^t$——旋光物质在t℃时在钠光（D线）的比旋光度

二、问题探究

1. 旋光度和比旋光度可通过什么方法测得?

旋光度和比旋光度是旋光物质在一定条件下的特征物理常数，利用旋光仪可以测得旋光度，再通过公式计算可以得到比旋光度。

2. 产生偏振光的方法有哪些?

（1）利用Nicol棱镜产生偏振光。

（2）利用Polaroid滤光器产生偏振光。

（3）利用聚乙烯醇人造偏振产生偏振光。

3. 什么是不对称碳原子?

不对称碳原子是指与四个不同的原子或原子基团共价连接并因而失去对称性的四面体碳原子（图4-24），也称手性碳原子、不对称中心或手性中心，常用C*表示。

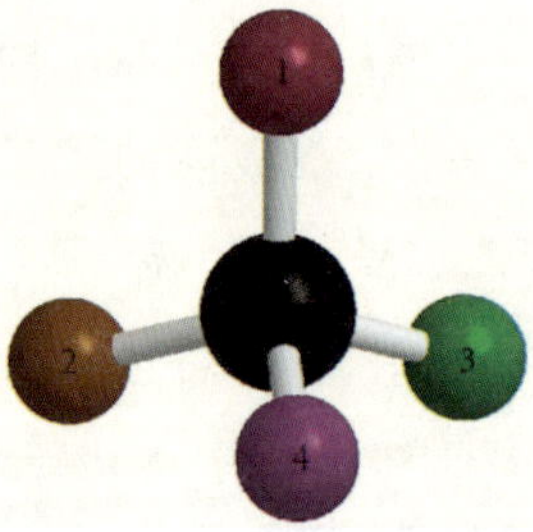

图4-24　不对称碳原子示意图

三、资源链接

味精旋光度的测定课件

味精旋光度的测定配套微课

> **提示**
>
> 在整个任务实施过程中应遵守实验室用水、用电安全操作指南及实验室各项规章制度和玻璃器皿的安全使用规范。

任务实施

一、实验准备

配图	仪器与设备	操作说明
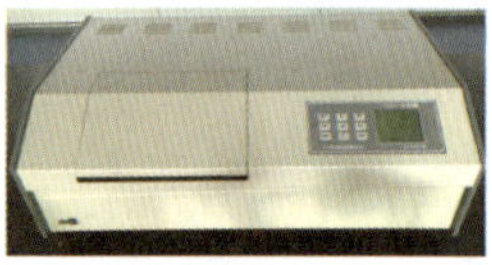	WZZ-3自动旋光仪	（1）仪器内外保持清洁干燥，样品室内残留溶液要及时擦净； （2）仪器要良好接地； （3）正确使用仪器，按顺序开机关机
	分析天平（感量为0.0001g）	称量完毕后，及时取出被称物品，并保持天平清洁

配图	仪器与设备	操作说明
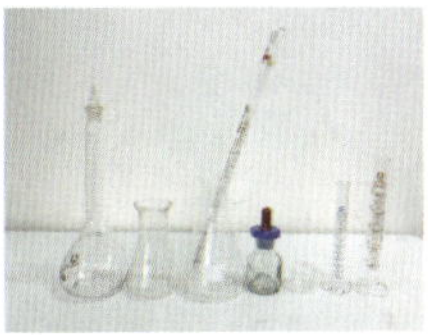	玻璃棒、烧杯、吸量管、容量瓶等	（1）洗涤玻璃仪器应符合要求，否则对分析结果的准确度和精确度均有影响； （2）读数时量筒必须放平，视线要跟量筒内液体的凹液面的最低处保持水平； （3）使用容量瓶时应待溶液降至室温再进行定容

二、实施操作

1. 试剂配制

名称及配图	配制方法	操作说明
6mol/L盐酸溶液 	参照GB/T 603—2023配制c（HCl）=6mol/L的盐酸溶液	（1）用高浓度的盐酸稀释； （2）要配100mL 6mol/L的盐酸，用12mol/L盐酸进行稀释，需HCl 6mol，就该取50mL浓盐酸，加水稀释到100mL（注意：加水定容至100mL，并非加50mL水，因为稀释过程中密度会变）

2. 样品处理

配图	操作步骤	操作说明
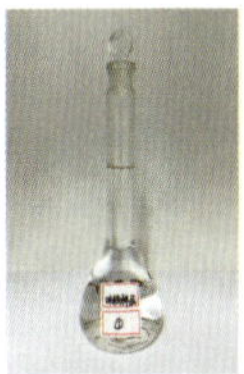	取100g的味精样品用粉碎机磨碎均匀，称取试样10g，加入少量蒸馏水溶解并转移至100mL容量瓶中，加盐酸20mL，混匀并冷却至20℃，以蒸馏水定容并摇匀	（1）精确到0.0001g； （2）定容前需冷却至室温； （3）试液必须清澈透明，如出现混浊或悬浮物时，必须处理成澄清液

3. 样品测定

配图	操作步骤	操作说明
	（1）打开电源，钠光灯亮后预热5～10min使其发光稳定	于20℃±0.5℃用标准旋光角校正仪器
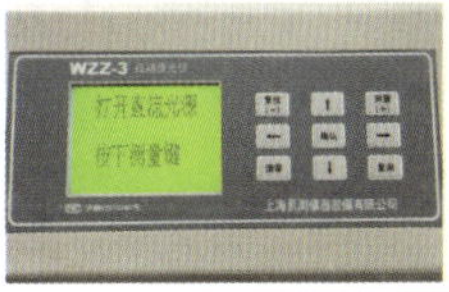	（2）听到声音提示，屏幕出现“打开直流光源，按下测量键”字样	—

配图	操作步骤	操作说明
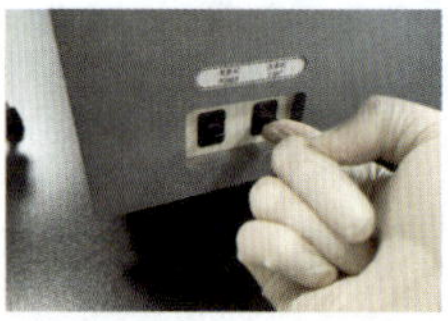	（3）上扳仪器右侧的“光源”到直流位置	光源开关处于“DC”状态时，可进行测量
	（4）按下“测量”键，屏幕进入“选项菜单”	—
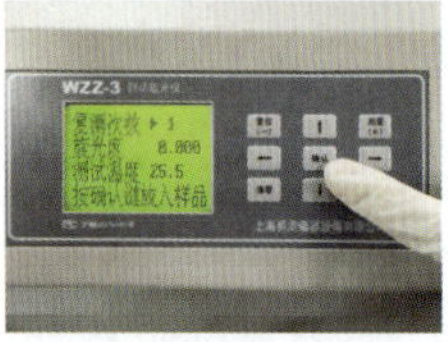	（5）在选项菜单中选定“旋光度”按“确认”键，进入测量菜单	—
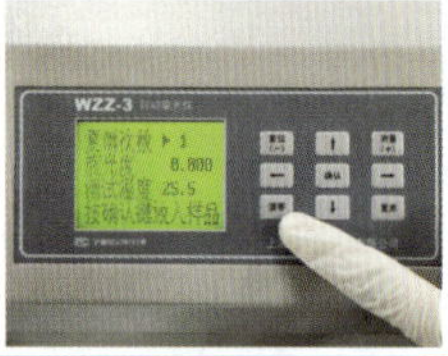	（6）按“→”键或“←”键选择复测次数为1；按“清零”键，使旋光度示值为0	可用蒸馏水作为校零溶液
	（7）旋光管内盛蒸馏水，如有气泡，需赶入凸镜内，用软布擦干通光两面的雾状水滴	（1）把旋光管中的气泡排至旋光管的凸起部分； （2）镜片不可用不洁或硬质的布、纸擦拭，以免镜片表面产生划痕
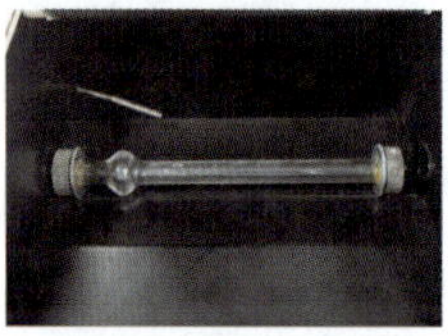	（8）放入样品管	—
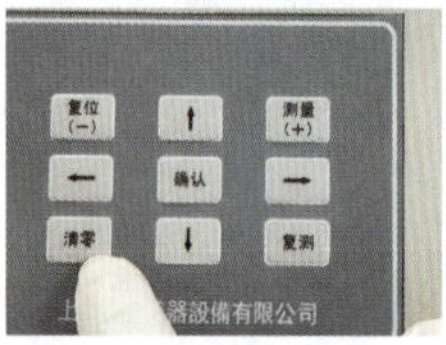	（9）待读数稳定后按“清零”键，拿出溶液	此时读数窗内可能显示数值
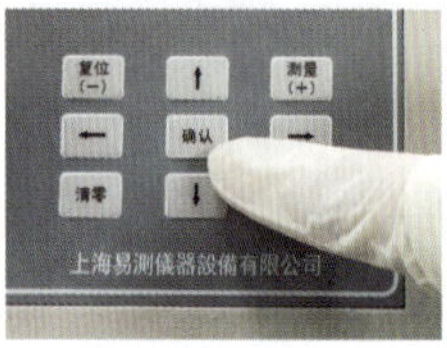	（10）界面返回“测量菜单”，按“→”键或“←”键选择复测次数为3，按“确认”键	—

配图	操作步骤	操作说明
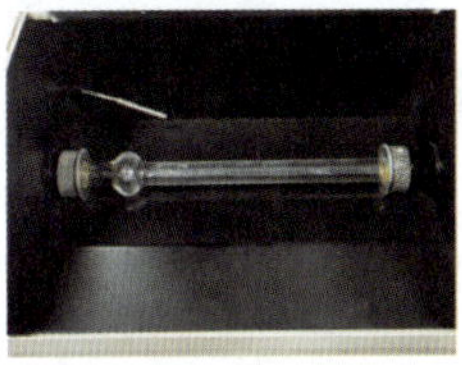	（11）取出旋光管，换上待测样液，将其按相同位置与方向放入样品室，盖好	用样液冲洗旋光管3次
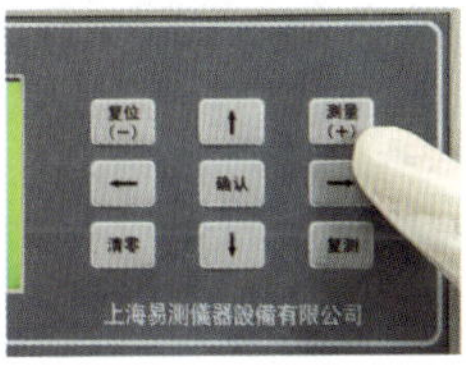	（12）按“测量”键，读取读数窗内的旋光度，重复3次；仪器使用完毕，关闭电源，取出旋光管	（1）取读数的平均值作为样品的测定结果； （2）仪器不用时，应将放入箱内或用塑料罩罩上，以防灰尘侵入

4. 记录原始数据（表4-9）

表4-9　味精旋光度的测定数据记录表

<table>
<tr><td>样品</td><td colspan="2"></td><td>检测方法</td><td></td><td>检测项目</td><td></td></tr>
<tr><td colspan="4">样品编号</td><td>Ⅰ</td><td>Ⅱ</td><td>Ⅲ</td></tr>
<tr><td colspan="2">每毫升样品中味精的质量（g/mL）</td><td colspan="2">c</td><td></td><td></td><td></td></tr>
<tr><td colspan="2">旋光管长度（液层厚度）（dm）</td><td colspan="2">L</td><td></td><td></td><td></td></tr>
<tr><td colspan="2">测定样品温度（℃）</td><td colspan="2">t</td><td></td><td></td><td></td></tr>
<tr><td colspan="2">实测样品旋光度（°）</td><td colspan="2">α</td><td></td><td></td><td></td></tr>
<tr><td colspan="2">样品中谷氨酸钠含量（%）</td><td colspan="2">X</td><td colspan="3"></td></tr>
<tr><td colspan="2">样品中谷氨酸钠含量的平均值（%）</td><td colspan="2">$\bar{X}$</td><td colspan="3"></td></tr>
<tr><td colspan="4">味精是否掺假</td><td colspan="3"></td></tr>
<tr><td colspan="7">数据处理

</td></tr>
</table>

5. 原始数据处理

样品中谷氨酸钠含量计算公式如下：

$$X=\frac{\frac{\alpha}{mL}}{25.16+0.047(20-t)}\times 100$$

式中 X——样品中谷氨酸钠含量（含1分子结晶水），g/100g

α——实测样品的旋光度，°

L——旋光管长度（液层厚度），dm

m——1mL样品中味精的质量，g/mL

25.16——谷氨酸钠的比旋光度，°

20——测试液的设定温度，℃

t——测定样品的温度，℃

0.047——温度校正系数

100——换算系数

以重复性条件下获得的两次独立测定结果的算术平均值表示，结果保留三位有效数字。

评价反馈

“味精旋光度的测定”考核评价表

学生姓名:____________　　　　班级:____________　　　　日期:____________

评价方式	考核项目	评价项目	评价要求	不合格	合格	良	优
自我评价（10%）	相关知识	了解旋光度和比旋光度以及谷氨酸钠的相关知识	相关知识输出正确（1分）	0	1	—	2
		掌握旋光仪结构原理	能利用检测原理正确解释实验现象（1分）				
	实验准备	准确配制试剂	试剂配制准确（4分）	0	4	—	8
		正确准备仪器	仪器准备正确（4分）				
学生互评（20%）	操作技能	能熟练进行味精旋光度的测定，（仪器开机、预热、零点校正、更换旋光管、样品测定等）操作规范	实验过程操作规范熟练（15分）	0	5	10	15
		能正确、规范记录结果并进行数据处理	原始数据记录准确、处理数据正确（5分）	0	2	4	5

续表

<table>
<tr><th>评价方式</th><th colspan="2">考核项目</th><th>评价项目</th><th>评价要求</th><th>不合格</th><th>合格</th><th>良</th><th>优</th></tr>
<tr><td rowspan="10">教师学业评价（70%）</td><td>课前</td><td>通用能力</td><td>课前预习任务</td><td>课前任务完成认真（5分）</td><td>0</td><td>2</td><td>4</td><td>5</td></tr>
<tr><td rowspan="8">课中</td><td rowspan="5">专业能力</td><td rowspan="5">实际操作能力</td><td>正确解读国家标准（10分）</td><td>0</td><td>3</td><td>6</td><td>10</td></tr>
<tr><td>准确进行零点校正（10分）</td><td>0</td><td>3</td><td>6</td><td>10</td></tr>
<tr><td>准确进行试样旋光度测定（10分）</td><td>0</td><td>3</td><td>6</td><td>10</td></tr>
<tr><td>对实验结果进行准确记录和数据处理（5分）</td><td>0</td><td>1</td><td>3</td><td>5</td></tr>
<tr><td>两次独立测定结果的绝对差值不超过算数平均值的5%（5分）</td><td>0</td><td>1</td><td>3</td><td>5</td></tr>
<tr><td rowspan="3">工作素养</td><td>发现并解决问题的能力</td><td>善于发现并解决实验过程中的问题（5分）</td><td rowspan="3">0</td><td rowspan="3">5</td><td rowspan="3">10</td><td rowspan="3">15</td></tr>
<tr><td>时间管理能力</td><td>合理安排时间，严格遵守时间安排（5分）</td></tr>
<tr><td>遵守实验室安全规范</td><td>符合安全规范操作（5分）</td></tr>
<tr><td>课后</td><td>技能拓展</td><td>橙汁糖度的测定</td><td>正确规范完成（10分）</td><td>0</td><td>5</td><td>—</td><td>10</td></tr>
<tr><td colspan="5">总分</td><td colspan="4"></td></tr>
</table>

注：①每个评分项目里，如出现安全问题则为0分；
②本表与附录2《职业素养考核评价表》配合使用。

学习心得

拓展训练

- 完成橙汁糖度的测定，绘制相关操作流程小报并录制视频。
  （提示：利用互联网、国家标准、微课等。）
- 拓展所学任务，线上查找相关知识，加深对相关知识的学习。
  （例如，中国大学MOOC https://www.icourse163.org/；智慧职教 https://www.icve.com.cn等。）

巩固反馈

1. 分子结构中有（　　），能把偏振光的偏振面旋转一定角度的物质称为光学活性物质。
   A. 对称碳原子　　B. 饱和碳原子
   C. 不饱和碳原子　　D. 不对称碳原子
2. 旋光仪中若“半暗角”选得太小，会导致（　　）。
   A. 三分视野小时难分辨　　B. 强弱照度难以区分
   C. 三分视野中间照度过弱　　D. 三分视野两边照度过弱
3. 旋光度的大小与（　　）有关。
   A. 光源的波长和温度　　B. 旋光性物质的种类
   C. 溶液的浓度　　D. 液层的厚度
4. 学生课后总结所学内容，与老师和同学进行交流讨论并完成本任务的教学反馈。

项目五

酸碱滴定分析

任务 1　牛乳酸度的测定

学习目标

知识目标

1. 了解牛乳酸度的表示方法。
2. 掌握牛乳酸度的检测原理。
3. 掌握牛乳酸度的检测流程。

技能目标

1. 能正确查找相关资料获取牛乳酸度的检验方法。
2. 能够独立进行牛乳酸度的测定。
3. 能进行牛乳酸度测定的数据处理和结果判断。

素养目标

1. 通过对乳制品国家标准及相关法规的学习，树立学生诚信经营、诚信检测意识。
2. 通过引导学生观看牛乳的安全生产视频，帮助学生树立关注民生及食品安全意识。
3. 严格遵守7S管理规范，按需领取试剂，合理利用空间、时间，养成节约意识。

任务描述

牛乳酸度是反映牛乳新鲜度的一项重要指标。本任务将测定牛乳酸度，进而判断牛乳的新鲜度。某工厂委托你所在的实验室对某批产品的酸度进行测定。依据GB 5009.239—2016《食品安全国家标准　食品酸度的测定》第一法——酚酞指示剂法，我们将按照如图5-1所示的环节完成任务。

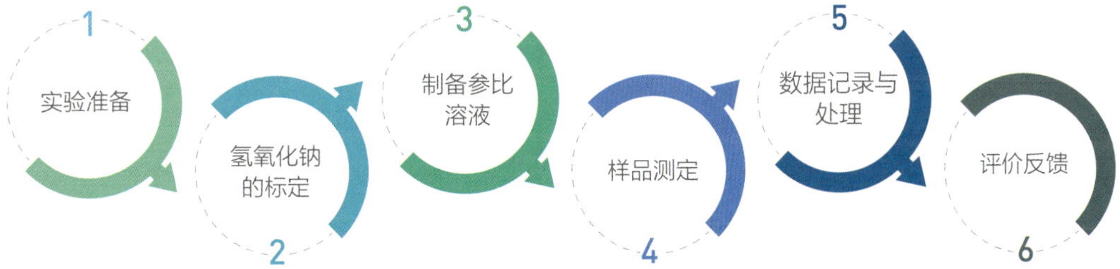

图5-1　“任务1　牛乳酸度的测定”实施环节

任务要求

1．独立完成牛乳酸度的测定任务。

2．学会判断牛乳的新鲜度的方法。

课前准备

一、学习资源准备

通过网络获取GB 5009.239—2016《食品安全国家标准　食品酸度的测定》及JJG 196—2006《常用玻璃量器检定规程》、GB/T 602—2002《化学试剂　杂质测定用标准溶液的制备》、GB/T 603—2023《化学试剂　试验方法中所用制剂及制品的制备》、GB/T 8170—2008《数值修约规则与极限数值的表示和判定》等相关资料。

二、完成预习任务

1．阅读学习相关资源，归纳食品酸度的测定相关知识。

2．绘制操作流程小报并初拟实验方案。

3．完成老师发布的预习小测验等相关预习任务，手机扫码完成课前测试。

牛乳酸度的测定课前测试

三、完成课前讨论

1．完成《学情分析表》（附录1）。

2．在线提出预习中存在的问题，并进行讨论。

思政园地

《中华人民共和国食品安全法》规定食品生产经营者对其生产经营食品的安全负责。食品生产经营者应当依照法律、法规和食品安全标准从事生产经营活动，保证食品安全，诚信自律，对社会和公众负责，接受社会监督，承担社会责任。

知识链接

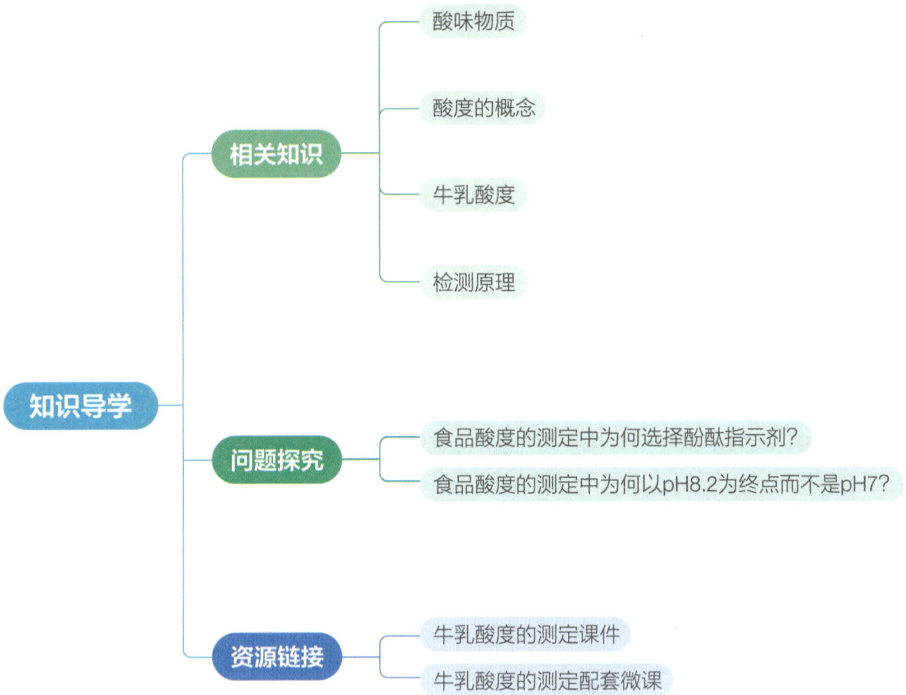

图5-2　“牛乳酸度的测定”知识思维导图

一、相关知识

（一）酸味物质

食品中的酸味物质主要是溶于水的一些有机酸和无机酸。在果蔬及其制品中，以苹果酸、柠檬酸、酒石酸和醋酸为主；在肉类、鱼类食品中则以乳酸为主；此外，还有一些无机酸，如盐酸、磷酸等。这些酸味物质，有的是食品中的天然成分，如葡萄酒中的酒石酸和苹果中的苹果酸；有的是人为加进去的，如在配制饮料中加入的柠檬酸；还有是在食品发酵中产生的，如酸牛乳中的乳酸。

（二）酸度的概念

总酸度是指食品中所有酸性成分的总量，它包括未离解的酸的浓度和已离解的酸的浓度，其大小可用酸碱滴定测定，故总酸度又可称为可滴定酸度，以食品中主要的有机酸表示。

有效酸度是指被测液中H^+的浓度，准确地说应是溶液中H^+的活度，所反映的是已离解的那部分酸的浓度，常用pH表示，其大小可借酸度计来测定。

挥发酸是指食品中易挥发的有机酸，如甲酸、醋酸及丁酸等低碳链的直链脂肪酸，可通过蒸馏法分离，再用酸碱滴定测定。

（三）牛乳酸度

牛乳总酸度由两部分组成：外表酸度（固有酸度）和真实酸度（发酵酸度）。

外表酸度（固有酸度）指刚挤出来的新鲜牛乳本身所具有的酸度。在酸乳中占0.15%～0.18%（以乳酸计）。真实酸度（发酵酸度）指在牛乳放置过程中，由乳酸菌作用于乳糖产生乳酸而升高的那部分酸度。习惯上把含酸量在0.20%以下的牛乳列为新鲜牛乳，而0.20%以上的列为不新鲜牛乳。

具体表示牛乳酸度的两种方法如下。

（1）以°T为单位表示牛乳的酸度　以滴定100mL牛乳样品所消耗0.1000mol/L的氢氧化钠液的体积（mL）表示牛乳酸度。按GB 25190—2010《食品安全国家标准　灭菌乳》中规定，牛乳酸度应为12～18°T。

（2）用乳酸的百分含量来表示　与总酸度的计算方法一样，用乳酸来表示牛乳的酸度，由滴定酸度直接换算成乳酸百分含量，10°T＝0.09%乳酸。

（四）检测原理

牛乳样品经过处理后，以酚酞作为指示剂，用0.1000mol/L氢氧化钠标准溶液滴定至中性，记录消耗氢氧化钠溶液的体积，经计算确定样品的酸度：

$$CH_3CH(OH)COOH+NaOH \longrightarrow CH_3CH(OH)COONa+H_2O$$

此中和反应用酚酞作指示剂，当pH约为8.2时，即可确定游离酸的滴定终点。无色的酚酞与碱作用时，生成酚酞盐，同时失去一分子水，醌型重排而呈现红色。

二、问题探究

1. 食品酸度的测定中为何选择酚酞指示剂?

因为食品中的酸是多种有机弱酸的混合物，用强碱滴定其含量时滴定突跃不明显，其终点偏碱，一般在pH8.2左右，故可选用酚酞作终点指示剂。

2. 食品酸度的测定中为何以pH8.2为终点而不是pH7?

因为食品中有机酸均为弱酸，用强碱滴定生成强碱弱酸盐，此盐在水解时生成金属阳离子、弱酸、OH^-，故显碱性，例如：$CH_3COONa+H_2O \rightleftharpoons CH_3COOH+Na^++OH^-$。

对于颜色较深的食品，因其终点颜色变化不明显，可通过加水稀释、用活性炭脱色等方法处理后再滴定。若样液颜色过深或混浊，则宜用电位滴定法。

三、资源链接

牛乳酸度的测定课件

牛乳酸度的测定配套微课

提示

在整个任务实施过程中应遵守实验室用水、用电安全操作指南及实验室各项规章制度和玻璃器皿的安全使用规范。

任务实施

一、实验准备

配图	仪器与设备	操作说明
	电热干燥箱	同项目二任务3中电热干燥箱的操作说明
	分析天平（感量为0.001g）	称量完毕后，及时取出被称物品，并保持天平清洁
	干燥器	同项目二任务1中干燥器的操作说明
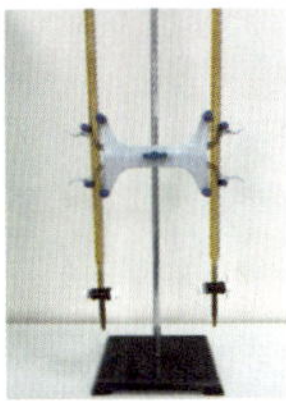	铁架台、通用型滴定管	（1）滴定管可以选用碱式滴定管； （2）滴定管使用前必须试漏、用待测液润洗； （3）读数时，滴定管必须保持垂直

配图	仪器与设备	操作说明
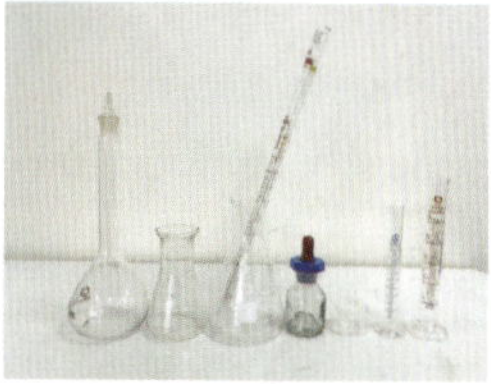	称量皿、锥形瓶、量筒、容量瓶等	（1）洗涤玻璃仪器应符合要求，否则对分析结果的准确度和精确度均有影响； （2）读数时量筒必须放平，视线要跟量筒内液体的凹液面的最低处保持水平； （3）容量瓶使用时应待溶液降至室温再进行定容

二、实施操作

1. 试剂配制

试剂名称及配图	配制方法	操作说明
氢氧化钠标准溶液 	参照GB/T 601—2016配制c（NaOH）=0.1mol/L的氢氧化钠溶液	（1）用时需要进行标定； （2）称取0.75g于105～110℃电热干燥箱中干燥至恒重的工作基准试剂邻苯二甲酸氢钾，加50mL无二氧化碳的水溶解，加2滴酚酞指示液（10g/L），用配制好的氢氧化钠溶液滴定至溶液呈粉红色，并保持30s，同时做空白实验
酚酞指示剂 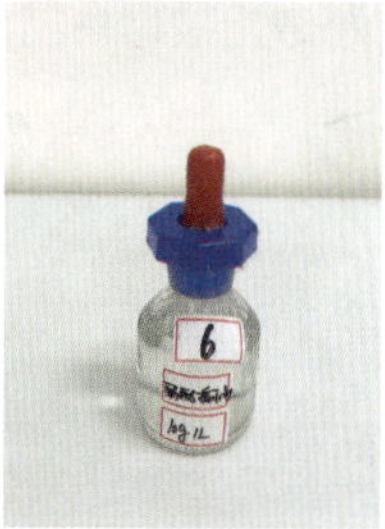	称取0.5g酚酞溶于75mL体积分数为95%的乙醇中，并加入20mL水，然后滴加氢氧化钠溶液至其呈微粉色，再加水定容至100mL	同项目二任务3中酚酞指示剂的操作说明
参比溶液 	将3g七水硫酸钴溶解于水中，并定容至100mL	七水硫酸钴是桃红色单斜晶系结晶，溶于水及甲醇，不溶于氨，微溶于乙醇

2. 制备参比溶液

配图	操作步骤	操作说明
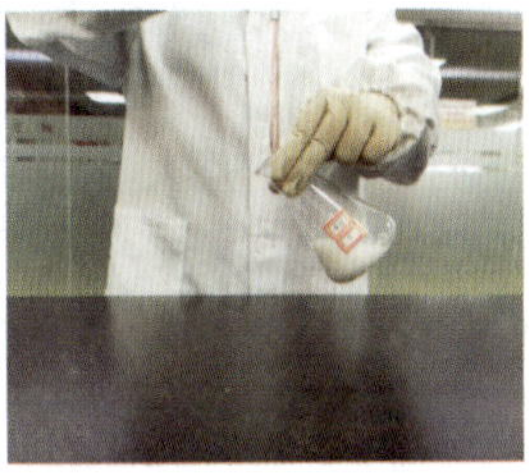	向装有等体积样品溶液的锥形瓶中加入2.0mL参比溶液，轻轻转动，使之混合，得到标准参比颜色	如果要测定多个相似的样品，则此参比溶液可用于整个测定过程，但时间不得超过2h

3. 样品处理

配图	操作步骤	操作说明
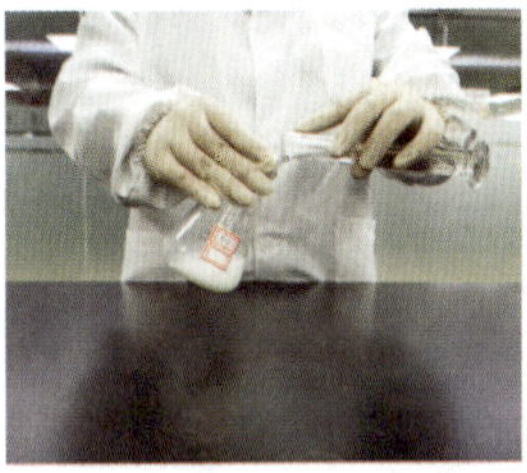	（1）称取10g已混匀的样品，置于150mL锥形瓶中，加20mL新煮沸冷却至室温的水，混匀	（1）精确到0.001g； （2）将蒸馏水煮沸15min，逐出二氧化碳后冷却，密闭保存
	（2）加入2.0mL酚酞指示剂，小心混匀	混合液体为乳白色

4. 样品检测

配图	操作步骤	操作说明
	（1）用0.1mol/L氢氧化钠标准溶液滴定，边滴加边转动烧瓶，直到颜色与参比溶液的颜色相似，且5s内不消退； （2）记录消耗氢氧化钠标准溶液的体积，并进行计算	（1）整个滴定过程应在45s内完成； （2）滴定前注意除去样品中的CO_2，以避免NaOH吸收CO_2影响测定结果； （3）滴定过程中，向锥形瓶中吹氮气，防止溶液吸收空气中的CO_2； （4）注意滴定管的规范操作并规范读数

5. 记录原始数据（表5-1）

表5-1　牛乳酸度的测定数据记录表

<table>
<tr><td>样品</td><td></td><td>检测方法</td><td></td><td>检测项目</td><td></td></tr>
<tr><td colspan="3">样品编号</td><td>Ⅰ</td><td>Ⅱ</td><td>Ⅲ</td></tr>
<tr><td colspan="2">氢氧化钠标准溶液的摩尔浓度（mol/L）</td><td>c</td><td></td><td></td><td></td></tr>
<tr><td colspan="2">消耗氢氧化钠标准溶液的体积（mL）</td><td>V</td><td></td><td></td><td></td></tr>
<tr><td colspan="2">空白实验消耗氢氧化钠标准溶液的体积（mL）</td><td>V_0</td><td></td><td></td><td></td></tr>
<tr><td colspan="2">样品的质量（g）</td><td>m</td><td></td><td></td><td></td></tr>
<tr><td colspan="2">样品的酸度（°T）</td><td>X</td><td colspan="3"></td></tr>
<tr><td colspan="2">样品酸度平均值（°T）</td><td>$\bar{X}$</td><td colspan="3"></td></tr>
<tr><td colspan="3">牛乳是否新鲜</td><td colspan="3"></td></tr>
<tr><td colspan="6">计算公式</td></tr>
</table>

6. 原始数据处理

样品酸度计算公式如下：

$$X=\frac{c\times(V_2-V_1)\times100}{m\times0.1}$$

式中　X——样品的酸度，°T

c——氢氧化钠标准溶液的物质的量浓度，mol/L

V_2——滴定时消耗氢氧化钠标准溶液体积，mL

V_1——空白实验所消耗氢氧化钠标准溶液体积，mL

100——100g样品

m——样品质量，g

0.1——酸度理论定义氢氧化钠的物质的量浓度，mol/L

评价反馈

“牛乳酸度的测定”考核评价表

学生姓名:__________　　班级:__________　　日期:__________

<table>
<tr><th>评价方式</th><th colspan="2">考核项目</th><th>评价项目</th><th>评价要求</th><th>不合格</th><th>合格</th><th>良</th><th>优</th></tr>
<tr><td rowspan="4">自我评价（10%）</td><td colspan="2" rowspan="2">相关知识</td><td>了解食品酸度及其测定方法</td><td>相关知识输出正确（1分）</td><td rowspan="2">0</td><td rowspan="2">1</td><td rowspan="2">—</td><td rowspan="2">2</td></tr>
<tr><td>掌握酸度测定原理</td><td>能利用检测原理正确解释实验现象（1分）</td></tr>
<tr><td colspan="2" rowspan="2">实验准备</td><td>准确配制试剂</td><td>试剂配制正确（4分）</td><td rowspan="2">0</td><td rowspan="2">4</td><td rowspan="2">—</td><td rowspan="2">8</td></tr>
<tr><td>正确准备仪器</td><td>仪器准备正确（4分）</td></tr>
<tr><td rowspan="2">学生互评（20%）</td><td colspan="2" rowspan="2">操作技能</td><td>能熟练进行牛乳酸度的测定，且操作规范</td><td>实验过程操作规范熟练（15分）</td><td>0</td><td>5</td><td>10</td><td>15</td></tr>
<tr><td>能正确、规范记录结果并进行数据处理</td><td>原始数据记录准确、处理数据正确（5分）</td><td>0</td><td>2</td><td>4</td><td>5</td></tr>
<tr><td rowspan="11">教师学业评价（70%）</td><td>课前</td><td>通用能力</td><td>课前预习任务</td><td>课前任务完成认真（5分）</td><td>0</td><td>2</td><td>4</td><td>5</td></tr>
<tr><td rowspan="8">课中</td><td rowspan="5">专业能力</td><td rowspan="5">实际操作能力</td><td>正确解读国家标准（10分）</td><td>0</td><td>3</td><td>6</td><td>10</td></tr>
<tr><td>操作规范，准确判断滴定终点（10分）</td><td>0</td><td>3</td><td>6</td><td>10</td></tr>
<tr><td>准确进行样品酸度的测定（10分）</td><td>0</td><td>3</td><td>6</td><td>10</td></tr>
<tr><td>对实验结果进行准确记录和数据处理（5分）</td><td>0</td><td>1</td><td>3</td><td>5</td></tr>
<tr><td>两次独立测定结果的绝对差值不超过算数平均值的5%（5分）</td><td>0</td><td>1</td><td>3</td><td>5</td></tr>
<tr><td rowspan="3">工作素养</td><td>发现并解决问题的能力</td><td>善于发现并解决实验过程中的问题（5分）</td><td rowspan="3">0</td><td rowspan="3">5</td><td rowspan="3">10</td><td rowspan="3">15</td></tr>
<tr><td>时间管理能力</td><td>合理安排时间，严格遵守时间安排（5分）</td></tr>
<tr><td>遵守实验室安全规范</td><td>符合安全规范操作（5分）</td></tr>
<tr><td rowspan="2">课后</td><td rowspan="2">技能拓展</td><td>乳粉酸度测定</td><td>正确规范完成（5分）</td><td rowspan="2">0</td><td rowspan="2">5</td><td rowspan="2">—</td><td rowspan="2">10</td></tr>
<tr><td>淀粉酸度测定</td><td>正确规范完成（5分）</td></tr>
<tr><td colspan="5">总分</td><td colspan="4"></td></tr>
</table>

注：①每个评分项目里，如出现安全问题则为0分；
　　②本表与附录2《职业素养考核评价表》配合使用。

学习心得

拓展训练

- 完成乳粉和淀粉酸度的测定，绘制相关操作流程小报并录制视频。
（提示：利用互联网、国家标准、微课等。）
- 拓展所学任务，线上查找相关知识，加深对相关知识的学习。
（例如，中国大学MOOC https://www.icourse163.org/；智慧职教 https://www.icve.com.cn等。）

巩固反馈

1. 牛乳酸度测定实验，是测定牛乳的（　　）。

A. 总酸度　　B. 有效酸度

C. 固有酸度　　D. 发酵酸度

2. 牛乳酸度测定时以pH（　　）为滴定终点。

A. 7.4　　B. 6.5

C. 8.2　　D. 9.3

3. 简述通用型滴定管的操作流程。

4. 学生课后总结所学内容，与老师和同学进行交流讨论并完成本任务的教学反馈。

任务 2　饼干碱度的测定

学习目标

知识目标

1. 了解测定饼干碱度的意义。
2. 掌握饼干碱度的定义及测定原理。
3. 掌握饼干碱度检测的测定流程。

技能目标

1. 能正确查找相关资料获取样品碱度的测定方法。
2. 能够独立进行饼干碱度的测定。
3. 能完成饼干碱度测定的数据处理与结果判断。

素养目标

1. 通过饼干类食品相关知识的学习，培养学生勇于探索、求真求实的职业精神；倡导低盐、低油、低糖的健康生活方式。
2. 通过完成检测任务，培养学生精益求精的工匠精神和争创一流的劳动精神。
3. 严格遵守7S管理规范，按需领取试剂，合理利用空间、时间，养成节约意识。

任务描述

小苏打作为一种饼干生产过程中重要的疏松剂被广泛使用，饼干的碱度是饼干理化检测中的一项重要指标。现有某品牌饼干生产厂家将产品委托实验室进行碱度测定，以判断其产品是否达标。依据GB/T 20980—2021《饼干质量通则》，我们将按照如图5-3所示的环节完成学习任务。

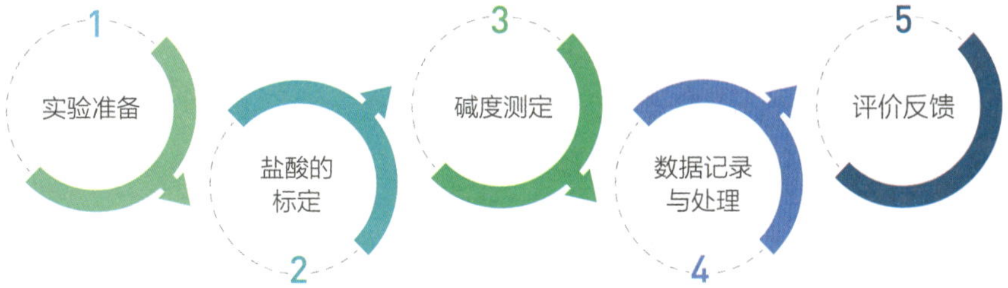

图5-3　“任务2　饼干碱度的测定”实施环节

任务要求

1．独立完成饼干碱度的测定任务。

2．学会判断饼干是否符合国家标准。

课前准备

一、学习资源准备

通过网络获取GB/T 20980—2021《饼干质量通则》及JJG 196—2006《常用玻璃量器检定规程》、GB/T 602—2023《化学试剂　杂质测定用标准溶液的制备》、GB/T 603—2023《化学试剂　试验方法中所用制剂及制品的制备》、GB/T 12456—2021《食品安全国家标准　食品中总酸的测定》、GB/T 8170—2008《数值修约规则与极限数值的表示和判定》等相关资料。

二、完成预习任务

1．阅读学习相关资源，了解饼干碱度的测定意义，归纳饼干碱度测定的相关知识。

2．绘制操作流程小报并初拟实验方案。

3．完成老师发布的预习小测验等相关预习任务，手机扫码完成课前测试。

饼干碱度的测定课前测试

三、完成课前讨论

1．完成《学情分析表》(附录1)。

2．在线提出预习中存在的问题，并进行讨论。

思政园地

健康生活方式，从低盐、低糖、低油开始。

知识链接

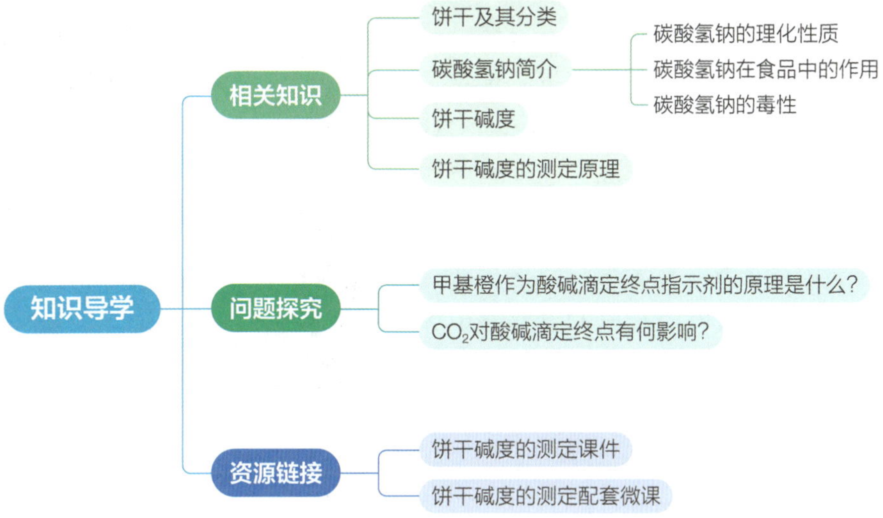

图5-4　“饼干碱度的测定”知识思维导图

一、相关知识

（一）饼干及其分类

饼干是以小麦粉（可添加糯米粉、淀粉等）为主要原料，加入（或不加入）糖、油脂及其他原料，经调粉（或调浆）、成形、烘烤（或煎烤）等工艺制成的口感酥松或松脆的食品。按照加工工艺分类，常见的饼干有酥性饼干、韧性饼干、发酵饼干、曲奇饼干等。

（1）酥性饼干　酥性饼干是以小麦粉、糖、油脂为主要原料，加入膨松剂和其他辅料，经冷粉工艺调粉、辊压（或不辊压）、成形、烘烤制成的（表面花纹多为凸花），断面结构呈多孔状组织，口感酥松或松脆的饼干。

（2）韧性饼干　韧性饼干是以小麦粉、糖（或无糖）、油脂为主要原料，加入膨松剂、改良剂和其他辅料，经热粉工艺调粉、辊压、成形、烘烤制成的（表面花纹多为凹花），外观光滑，表面平整，一般有针眼，断面有层次，口感松脆的饼干。

（3）发酵饼干　发酵饼干是以小麦粉、油脂为主要原料，以酵母为膨松剂，加入各种辅料，经调粉、发酵、辊压、叠层、成形、烘烤制成的酥松或松脆且具有发酵制品特有香味的饼干。

（4）曲奇饼干　曲奇饼干是以小麦粉、糖、糖浆、油脂、乳制品为主要原料，加入膨松剂和其他辅料，经冷粉工艺调粉、采用挤注或挤条、钢丝切割或辊印等方法成形、烘烤制成的具有立体花纹或表面有规则波纹的饼干。

（二）碳酸氢钠简介

1. 碳酸氢钠的理化性质

碳酸氢钠的化学式为$NaHCO_3$，俗称小苏打（图5-5），为白色粉末或细微结晶，无臭，味咸，相对密度2.20，熔点270℃；加热自50℃起开始失去CO_2，热至100℃成为倍半碳酸钠（$Na_2CO_3 \cdot NaHCO_3 \cdot 2H_2O$），热至270～300℃经2h，转变为碳酸钠；在干燥空气中稳定，在潮湿空气中缓慢分解，失去CO_2；易溶于水[8.8g/100mL（15℃）；11.2g/100mL（30℃）；13.86g/100mL（45℃）]，水溶液呈弱碱性，pH为8.3，不溶于乙醇。

图5-5　小苏打

2. 碳酸氢钠在食品中的作用

碳酸氢钠受热分解放出CO_2，使食品产生多孔海绵状疏松组织，但由于产气过快，容易使食品出现大空洞。此外，碳酸氢钠分解后形成的碳酸钠，使食品的碱性增强，不但影响口味，还会破坏某些维生素；甚而导致食品发黄或杂有黄斑，使食品质量降低。

3. 碳酸氢钠的毒性

碳酸氢钠具有低毒性，半数致死量（大鼠，经口）4420mg/kg。钠离子是人体内正常成分，一般长期摄入碳酸氢钠对身体无害。此外，碳酸氢钠与碳酸在人体内形成$NaHCO_3/H_2CO_3$缓冲体系，对大量酸或碱性物进入体内起缓冲作用，使人体内pH无显著变化，但一次服用大量碳酸氢钠，可引起胃胀，甚至胃破裂。

（三）饼干碱度

饼干的碱度是指100g样品中所含碳酸钠的质量（g）。

酥性饼干碱度（以碳酸钠计）不大于0.4%；韧性饼干碱度（以碳酸钠计）不大于0.4%；曲奇饼干中普通型和花色型碱度（以碳酸钠计）不大于0.3%（GB/T 20980—2007《饼干》）。

（四）饼干碱度的测定原理

根据酸碱中和原理，利用盐酸滴定试液中的碱，以甲基橙为指示剂滴定至微红色出现（图5-6），根据盐酸的消耗体积，经计算确定样品的碱度，反应式如下：

$$Na_2CO_3+2HCl = 2NaCl+H_2O+CO_2$$

二、问题探究

1. 甲基橙作为酸碱滴定终点指示剂的原理是什么?

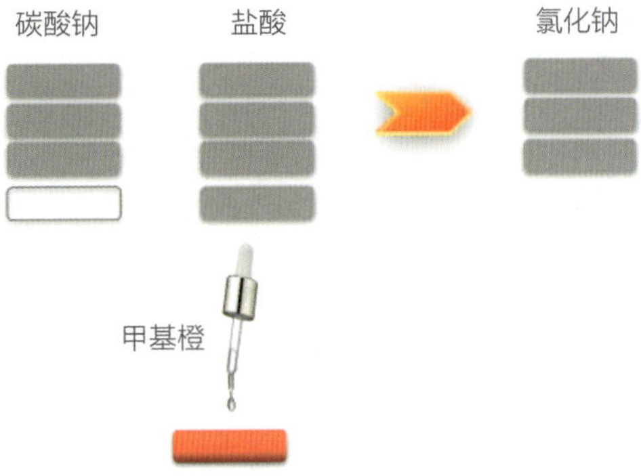

图5-6　检测原理示意图

甲基橙由对氨基苯磺酸经重氮化后与*N*，*N*–二甲基苯胺偶合而成，结构式见图5–7。甲基橙的变色范围是pH≤3.1时变红，pH3.1～4.4时呈橙色，pH≥4.4时变黄，在中性或碱性溶液中以磺酸钠盐的形式存在，在酸性溶液中转化为磺酸，这样酸性的磺酸基就与分子内的碱性二甲氨基形成对二甲氨基苯基偶氮苯磺酸的内盐型式（成对醌结构），成为一个含有对位醌式结构的共轭体系，所以颜色随之改变。

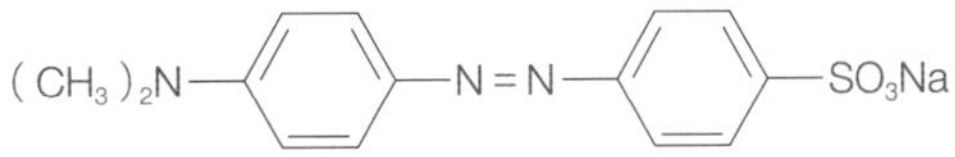

图5–7　甲基橙结构式

2. CO_2对酸碱滴定终点有何影响?

空气中的CO_2会微溶于水使样液呈弱酸性，此外在饼干碱度的滴定过程中也会产生CO_2对检测结果形成干扰。因此在实验过程中，对于样品制备要用新煮沸的水，制备的样品要放入密闭玻璃容器中尽快进行检测，此外还要进行空白实验进一步降低CO_2的干扰。

如果样品过于混浊，可以对样品进行离心处理后再检测。对于颜色较深的食品，因其终点颜色变化不明显，可通过加水稀释、用活性炭脱色等方法处理后再滴定。若样液颜色过深，则宜用电位滴定法。

三、资源链接

饼干碱度的测定课件

饼干碱度的测定配套微课

任务实施

> **提示**
> 在整个任务实施过程中应遵守实验室用水、用电安全操作指南及实验室各项规章制度和玻璃器皿的安全使用规范。

一、实验准备

配图	仪器与设备	操作说明
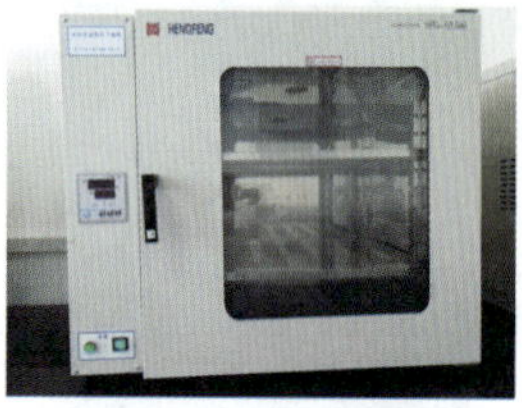	电热干燥箱	同项目二任务3中电热干燥箱的操作说明
	分析天平（感量为0.001g）	称量完毕后，及时取出被称物品，并保持天平清洁
	干燥器	同项目二任务1中干燥器的操作说明
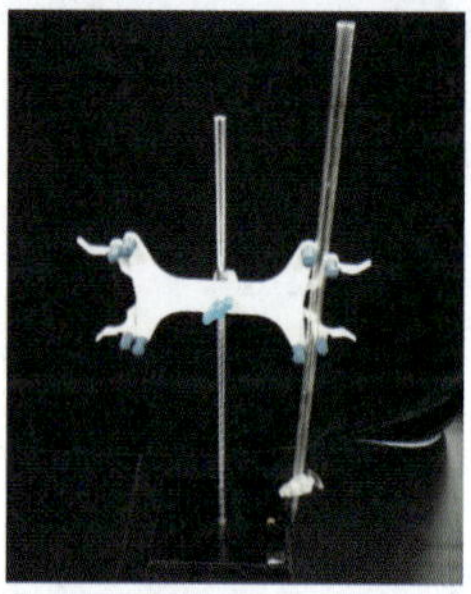	铁架台、酸式滴定管	（1）可以选用通用型滴定管； （2）滴定管使用前必须试漏
	250mL锥形瓶、洗耳球、吸量管、容量瓶、烧杯、胶头滴管、洗瓶等	洗涤玻璃仪器应符合要求，否则对分析结果的准确度和精确度均有影响

二、实施操作

1. 试剂配制

名称及配图	配制方法	操作说明
盐酸标准溶液 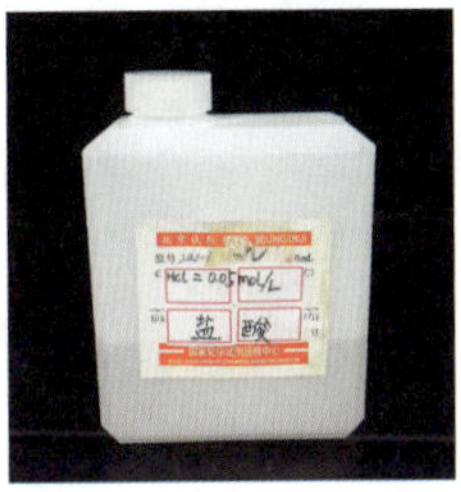	参照GB/T 601—2016配制c（HCl）= 0.05mol/L的盐酸标准溶液	（1）溶液配制应在通风橱中进行； （2）使用前需要对盐酸标准溶液进行标定以确定准确浓度
甲基橙指示剂 	称取0.1g甲基橙，用适量70℃的蒸馏水溶解，冷却，转移至100mL容量瓶中并用水定容	—

2. 样品处理

配图	操作步骤	操作说明
	（1）将饼干样品置于研钵或组织捣碎机中捣碎，称取200g样品，分次加入200mL煮沸过的蒸馏水，混匀后置于密闭玻璃容器内	样品粉碎尽量均匀
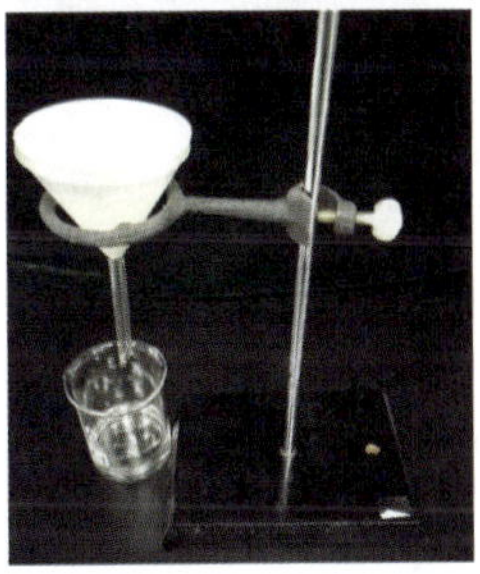	（2）称取25g样品，置于100mL烧杯中，用适量约70℃煮沸过的水将烧杯中的内容物转移到250mL容量瓶中，冷却至室温，用煮沸过的水定容；混匀后，用快速滤纸过滤，收集滤液用于测定	（1）样品称取精确到0.01g； （2）如样品滤液过于混浊也可以离心后再测定

3. 样品检测

配图	操作步骤	操作说明
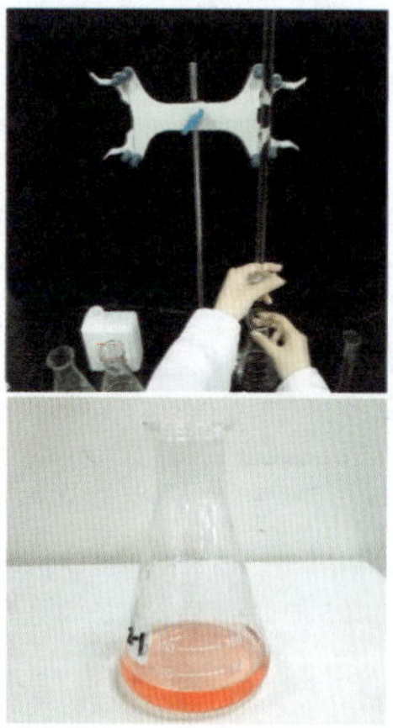	吸取滤液50mL，置于250mL锥形瓶中，加入甲基橙指示液2滴，用盐酸标准溶液（0.05mol/L）滴定至微红色出现，记录耗用盐酸标准溶液的体积，同时用蒸馏水做空白实验	（1）整个滴定过程应在90s内完成； （2）注意滴定管的规范操作并规范读数

4. 记录原始数据（表5-2）

表5-2 饼干碱度的测定数据记录表

<table>
<tr><td>样品</td><td></td><td>检测方法</td><td></td><td>检测项目</td><td></td></tr>
<tr><td colspan="3">样品编号</td><td>Ⅰ</td><td>Ⅱ</td><td>Ⅲ</td></tr>
<tr><td colspan="2">盐酸标准溶液的物质的量浓度（mol/L）</td><td>c</td><td></td><td></td><td></td></tr>
<tr><td colspan="2">消耗盐酸标准溶液的体积（mL）</td><td>V_1</td><td></td><td></td><td></td></tr>
<tr><td colspan="2">空白实验消耗盐酸标准溶液的体积（mL）</td><td>V_2</td><td></td><td></td><td></td></tr>
<tr><td colspan="2">样品的质量（g）</td><td>m</td><td></td><td></td><td></td></tr>
<tr><td colspan="2">样品的碱度（%）</td><td>X</td><td colspan="3"></td></tr>
<tr><td colspan="2">样品碱度的平均值（%）</td><td>$\bar{X}$</td><td colspan="3"></td></tr>
<tr><td colspan="3">碱度是否符合标准</td><td colspan="3"></td></tr>
<tr><td colspan="6">计算过程</td></tr>
</table>

5. 原始数据处理

样品碱度计算公式如下：

$$X=\frac{c\,(V_1-V_2)\times 0.053\times K}{m}\times 100$$

式中　X——样品的碱度，g/100g

c——盐酸标准溶液的实际浓度，mol/L

V_1——滴定时消耗盐酸标准溶液的体积，mL

V_2——空白实验消耗盐酸标准溶液的体积，mL

0.053——1.0mL盐酸标准滴定溶液相当的碳酸钠的质量，g

m——样品的质量，g

K——样品的稀释倍数

同一样品的两次测定值之差，不得超过两次测定平均值的2%。

评价反馈

“饼干碱度的测定”考核评价表

学生姓名:____________　　班级:____________　　日期:____________

评价方式	考核项目	评价项目	评价要求	不合格	合格	良	优
自我评价（10%）	相关知识	了解饼干碱度相关知识	相关知识输出正确（1分）	0	1	—	2
		掌握饼干碱度测定原理	能根据测定原理正确解释实验现象（1分）				
	实验准备	能正确配制实验试剂	正确配制试剂（4分）	0	4	—	8
		能正确准备仪器	仪器准备正确（4分）				
学生互评（20%）	操作技能	能熟练进行饼干碱度的测定，操作规范	实验过程操作规范熟练（15分）	0	5	10	15
		能正确、规范记录结果并进行数据处理	原始数据记录准确、数据处理正确（5分）	0	2	4	5
教师学业评价（70%）	课前 通用能力	课前预习任务	课前任务完成认真（5分）	0	2	4	5
	课中 专业能力	实际操作能力	能正确解读国家标准（10分）	0	3	6	10
			能按照操作规范进行滴定，能规范进行检查、润洗、装液、试漏，读数规范、准确（10分）	0	3	6	10

续表

<table>
<tr><th>评价方式</th><th colspan="2">考核项目</th><th>评价项目</th><th>评价要求</th><th>不合格</th><th>合格</th><th>良</th><th>优</th></tr>
<tr><td rowspan="8">教师学业评价（70%）</td><td rowspan="6">课中</td><td rowspan="3">专业能力</td><td rowspan="3">实际操作能力</td><td>能准确判断滴定终点，操作熟练（10分）</td><td>0</td><td>3</td><td>6</td><td>10</td></tr>
<tr><td>两次独立测定结果的绝对差值不超过算数平均值的2%（5分）</td><td>0</td><td>1</td><td>3</td><td>5</td></tr>
<tr><td>能正确处理数据，完成检测报告（5分）</td><td>0</td><td>1</td><td>3</td><td>5</td></tr>
<tr><td rowspan="3">工作素养</td><td>发现并解决问题的能力</td><td>善于发现并解决实验过程中的问题（5分）</td><td rowspan="3">0</td><td rowspan="3">5</td><td rowspan="3">10</td><td rowspan="3">15</td></tr>
<tr><td>时间管理能力</td><td>合理安排时间，严格遵守时间安排（5分）</td></tr>
<tr><td>遵守实验室安全规范</td><td>（检查、滴定、清洗）操作符合安全规范（5分）</td></tr>
<tr><td rowspan="2">课后</td><td rowspan="2">技能拓展</td><td>煎饼碱度的测定</td><td>正确规范完成（5分）</td><td rowspan="2">0</td><td rowspan="2">5</td><td rowspan="2">—</td><td rowspan="2">10</td></tr>
<tr><td>蛋卷碱度的测定</td><td>正确规范完成（5分）</td></tr>
<tr><td colspan="5">总分</td><td colspan="4"></td></tr>
</table>

注：①每个评分项目里，如出现安全问题则为0分；
②本表与附录2《职业素养考核评价表》配合使用。

学习心得

拓展训练

- 完成煎饼碱度和蛋卷碱度的测定，绘制相关操作流程小报并录制视频。（提示：利用互联网、国家标准、微课等。）
- 拓展所学任务，线上查找相关知识，加深对相关知识的学习。（例如，中国大学MOOC https://www.icourse163.org/；智慧职教 https://www.icve.com.cn等。）

巩固反馈

1. 标定NaOH标准溶液所用的基准物是（　　），标定HCl标准溶液所用的基准物是（　　）。

   A. 邻苯二甲酸氢钾　　B. 草酸

   C. 碳酸钠　　D. 氯化钠

2. 饼干碱度可用盐酸标准溶液进行测定，当滴定至颜色变为微红色时即为滴定终点，此时pH为（　　）。

   A. 9.3　　B. 7.4

   C. 6.5　　D. 4.4

3. 日常生活中所说的小苏打是指（　　）。

   A. NaOH　　B. $NaHCO_3$

   C. Na_2CO_3　　D. NaCl

4. 简述酸式滴定管使用前的准备工作。

5. 学生课后总结所学内容，与老师和同学进行交流讨论并完成本任务的教学反馈。

任务 3 食品（食用植物油、食用动物油）酸价的测定

学习目标

知识目标

1. 了解食品酸价测定在食品检验中的意义。
2. 掌握酸价的定义及食品酸价的测定原理。
3. 掌握食品酸价的测定流程。

技能目标

1. 能正确查找相关资料获取样品酸价的测定方法。
2. 能够独立进行食品酸价的测定。
3. 能进行食品酸价测定的数据处理与结果判断。

素养目标

1. 通过分析食用油安全事件，说明食用油酸价的检测意义，培养学生做食品安全守卫者的责任意识。
2. 通过完成任务检测，引导学生严格按照规程操作，培养学生实事求是、科学严谨的工作态度。
3. 能够按现场7S及相关标准，整理现场和处理废弃物，培养学生良好的职业素养，提高学生的道德品质，使学生了解企业管理模式和企业文化。

任务描述

食品的酸价是反映食品中油脂质量（新鲜度和精炼程度）的一项重要指标。市场上的食用植物油和食用动物油种类繁多。本任务将测定食用植物油和食用动物油的酸价，进而判断其质量的好坏。某工厂委托你所在的实验室对某批产品的酸价进行测定。依据GB 5009.229—2016《食品安全国家标准　食品酸价的测定》中的第一法——冷溶剂指示剂滴定法，我们将按照如图5-8所示的环节完成任务。

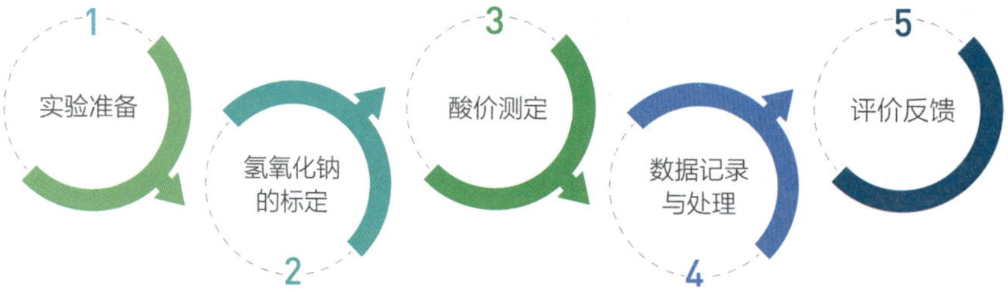

图5-8 “任务3　食品（食用植物油、食用动物油）酸价的测定”实施环节

任务要求

1．独立完成食用植物油和食用动物油的酸价的测定。

2．学会判断食用植物油和食用动物油的油脂质量的方法。

课前准备

一、学习资源准备

通过网络获取GB 5009.229—2016《食品安全国家标准　食品酸价的测定》及JJG 196—2006《常用玻璃量器检定规程》、GB/T 602—2002《化学试剂　杂质测定用标准溶液的制备》、GB/T 603—2023《化学试剂　试验方法中所用制剂及制品的制备》、GB/T 8170—2008《数值修约规则与极限数值的表示和判定》等相关资料。

二、完成预习任务

1．阅读学习相关资源，归纳油脂酸价的测定相关知识。

2．绘制操作流程小报并初拟实验方案。

3．完成老师发布的预习小测验等相关预习任务，手机扫码完成课前测试。

食品（食用植物油、食用动物油）酸价的测定课前测试

三、完成课前讨论

完成《学情分析表》（附录1）。

思政园地

《中华人民共和国食品安全法》规定食品生产经营者应当建立食品安全自查制度，定期对食品安全状况进行检查评价。作为食品从业人员，应遵守食品安全法的规定，做坚定食品安全的守卫者。

知识链接

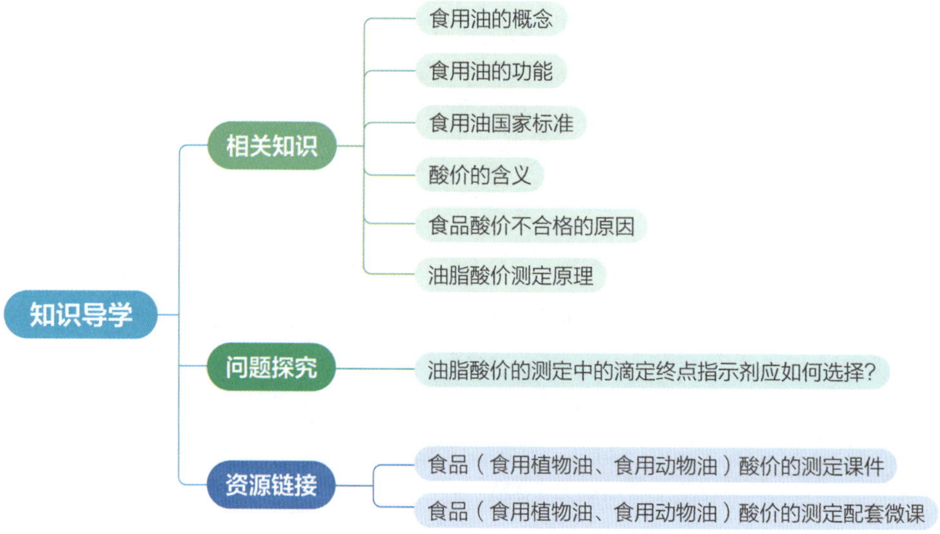

图5-9 “食品（食用植物油、食用动物油）酸价的测定”知识思维导图

一、相关知识

1. 食用油的概念

食用油按来源划分可以分为两大类，即食用植物油和食用动物油。食用植物油是由食用植物油料或植物原油制成的，来源于植物的果实、胚芽、种子等，是由脂肪酸和甘油组成的化合物。市面上常见的食用植物油（图5-10）有花生油、玉米油、大豆油、菜籽油、芝麻油和橄榄油等。

食用动物油是动物的脂肪，食用动物油（图5-11）一般来源于猪、牛、鱼等，含多种脂肪酸和胆固醇，其中饱和脂肪酸和不饱和脂肪酸的含量相当。与食用植物油相比，食用动物油具有特殊的香味，但不宜过多食用，否则易引起高血压、动脉硬化、冠心病及脑血管疾病，对人体健康极为不利。

图5-10 食用植物油

图5-11 食用动物油

2. 食用油的功能

食用油的营养功能主要包括5个方面。

（1）提供能量　1g食用植物油完全氧化时可释放约39KJ的热量，比同质量完全氧化的糖或蛋白质所释放的能量高一倍左右。

（2）改善食物的口感　食用油作为食品加工烹饪的原料可以促成食物润滑、细致的口感，可起到促进食欲的作用。

（3）促进脂溶性营养物质的吸收　食物中的一些营养物质不易溶于水而易溶于油脂，因此，油脂参与食品的加工烹饪有助于人体对食物营养成分的吸收。

（4）可作为传热介质　在烹饪加工食物的过程中，油脂可起到传热和防止粘锅的作用。

（5）食用油可提供维持人体正常代谢和生理功能所需的营养物质　食用油含有丰富的维生素（如维生素E、维生素K等），以及矿物质（如钙、铁、磷等）和脂肪，因此在人体的正常生长发育中是不可或缺的。

3. 食用油国家标准

GB 15196—2015《食品安全国家标准　食用油脂制品》规定了食用油的国家标准主要包括原料要求、感官要求、理化指标、污染物限量、微生物限量以及食品添加剂和食品营养强化剂。其中感官检验包括色泽、状态、气味和滋味等，要求样品具有应有的色泽，应有的形态且质地均匀、无正常视力可见的外来异物，同时要求样品具有应有的气味和滋味、无焦臭、无酸败及其他异味。感官要求的检验方法为取适量样品置于白瓷盘中，在自然光下观察其色泽和状态，将样品置于50mL烧杯中，水浴加热至50℃，用玻璃棒迅速搅拌，嗅其气味，品其滋味，而理化指标包括酸价、过氧化值等。

4. 酸价的含义

在国家和地方的食药监管部门的监督抽检中，酸价是食用油检测的关键指标，反映了油脂的酸败程度，油脂的酸价越高，油脂的品质就越低，一些企业的油品因这个指标不合格，上了抽检黑名单。

酸价是中和1g油脂中所含游离脂肪酸需要的氢氧化钾的质量，代表食用油中游离脂肪酸的含量，是油脂变质程度的指标。

5. 食品酸价不合格的原因

造成食品酸价不合格的原因主要有四个。

（1）食品原料采购把关不严格。

（2）食品生产过程中，对操作工艺控制不严格。

（3）食品贮藏条件不恰当，食品所处环境的温度、湿度、紫外线的照射等均会对食品的变质有直接影响。

（4）油脂含量高的食品长时间存放、反复使用也会造成酸价的升高。

长期食用酸价过高的食品会导致人体肠胃不适、腹泻甚至对肝脏有损害。所以，我们必须杜绝食品酸价超标，提升产品质量，让食品更安全更健康。

6. 油脂酸价测定原理

用有机溶剂将油脂样品溶解成样品溶液，再用氢氧化钾或氢氧化钠标准溶液滴定样品溶液中的游离脂肪酸，以指示剂的颜色变化来判定滴定终点，最后通过滴定所消耗的标准溶液的体积计算油脂样品的酸价（图5-12）。

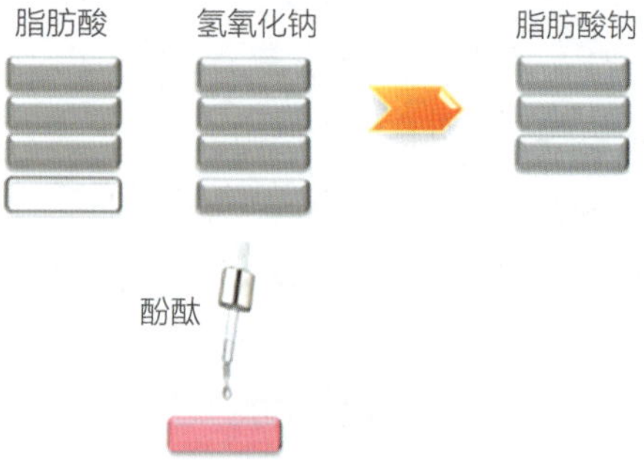

图5-12 油脂酸价测定原理示意图

二、问题探究

油脂酸价的测定中的滴定终点指示剂应如何选择?

根据GB 5009.229—2016《食品安全国家标准　食品中酸价的测定》，食用植物油和食用动物油酸价的测定适用于冷溶剂指示剂滴定法，用氢氧化钠或氢氧化钾标准溶液对样品进行滴定，根据油样质量和碱液消耗的体积计算油脂酸价，判断滴定终点所用的指示剂为酚酞，终点颜色为粉红色。而对于较深色泽的油脂样品，可用百里香酚酞指示剂或碱性蓝6B指示剂取代酚酞指示剂，滴定中，百里香酚酞到达滴定终点时颜色变为蓝色，碱性蓝6B指示剂到达滴定终点时由蓝色变红色。

三、资源链接

食品（食用植物油、食用动物油）酸价的测定课件

食品（食用植物油、食用动物油）酸价的测定配套微课

任务实施

> **提示**
> 在整个任务实施过程中应遵守实验室用水、用电安全操作指南及实验室各项规章制度和玻璃器皿的安全使用规范。

一、实验准备

配图	仪器与设备	操作说明
	电热干燥箱	同项目二任务3中电热干燥箱的操作说明
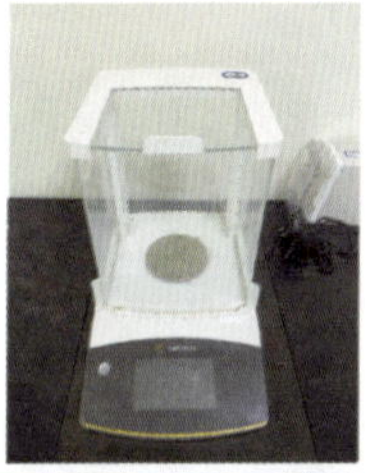	分析天平（感量为0.001g）	称量完毕后，及时取出被称物品，并保持天平清洁
	干燥器	同项目二任务1中干燥器的操作说明
	铁架台、碱式滴定管	（1）滴定管也可以选用通用型滴定管； （2）滴定管使用前必须试漏、用待测液润洗； （3）读数时，滴定管必须保持垂直
	称量皿、锥形瓶、量筒、容量瓶等	（1）洗涤玻璃仪器应符合要求，否则对分析结果的准确度和精确度均有影响； （2）读数时量筒必须放平，视线要跟量筒内液体的凹液面的最低处保持水平； （3）容量瓶在使用时应待溶液降至室温再进行定容

二、实施操作

1. 试剂配制

名称及配图	配制方法	操作说明
氢氧化钠标准溶液 	参照GB/T 601—2016配制c（NaOH）=0.1mol/L的氢氧化钠溶液	（1）用时需要进行标定； （2）称取0.75g于105～110℃电热干燥箱中干燥至恒重的工作基准试剂邻苯二甲酸氢钾，加50mL无二氧化碳的水溶解，加2滴酚酞指示剂（10g/L），用配制好的氢氧化钾溶液滴定至溶液呈粉红色，并保持30s，同时做空白实验
酚酞指示剂 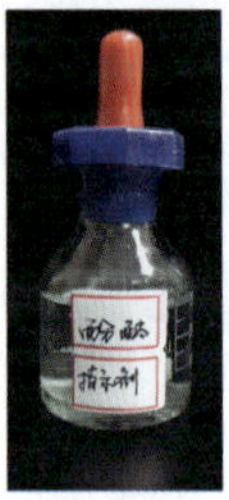	称取1g的酚酞，加入100mL的95%乙醇并搅拌至完全溶解	同项目二任务3中的酚酞指示剂操作说明
乙醚-异丙醇混合液 	乙醚和异丙醇（体积比为1：1）充分互溶混合	用时现配

2. 样品测定

配图	操作步骤	操作说明
	（1）称取3～5g混匀的样品，置于锥形瓶中（精确至0.001g）	测定深色油脂的酸价时，可减少样品用量

<table>
<tr><th>配图</th><th>操作步骤</th><th>操作说明</th></tr>
<tr><td></td><td>（2）加入50～100mL乙醚-异丙醇混合液，充分振摇溶解样品</td><td>加入乙醇可以使碱和游离的脂肪酸的反应更充分，防止反应生成的脂肪酸钾盐离解</td></tr>
<tr><td>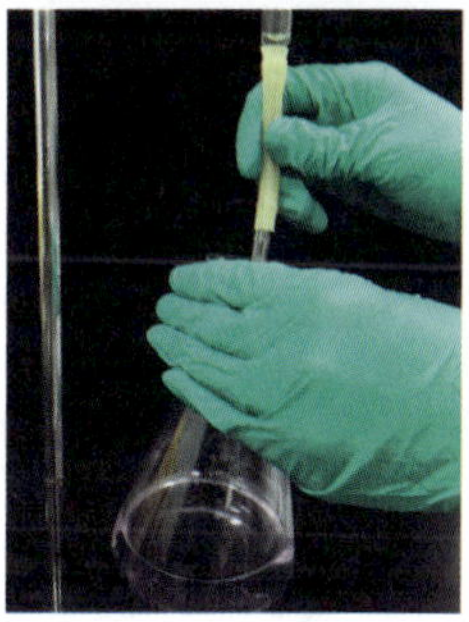</td><td>（3）加入3～4滴酚酞指示剂，用0.1mol/L氢氧化钠标准溶液滴定，边滴加边振摇锥形瓶，直至样品溶液初现微红色，且15s内无明显褪色；
（4）记录滴定所消耗的氢氧化钠标准溶液的体积</td><td>对于深色泽油脂样品，可用百里香酚酞指示剂或碱性蓝6B指示剂取代酚酞指示剂</td></tr>
</table>

3. 记录原始数据（表5-3）

表5-3　食品酸价的测定数据记录表

<table>
<tr><td>样品</td><td></td><td>检测方法</td><td></td><td>检测项目</td><td></td></tr>
<tr><td colspan="3">样品编号</td><td>Ⅰ</td><td>Ⅱ</td><td>Ⅲ</td></tr>
<tr><td colspan="2">氢氧化钾标准溶液的物质的量浓度（mol/L）</td><td>c</td><td></td><td></td><td></td></tr>
<tr><td colspan="2">样品消耗氢氧化钾标准溶液的体积（mL）</td><td>V</td><td></td><td></td><td></td></tr>
<tr><td colspan="2">空白实验消耗氢氧化钾标准溶液的体积（mL）</td><td>V_0</td><td></td><td></td><td></td></tr>
<tr><td colspan="2">样品的质量（g）</td><td>m</td><td></td><td></td><td></td></tr>
<tr><td colspan="2">样品的酸价（g/100g）</td><td>X</td><td colspan="3"></td></tr>
<tr><td colspan="2">样品酸价的平均值（g/100g）</td><td>$\bar{X}$</td><td colspan="3"></td></tr>
<tr><td colspan="3">样品是否合格</td><td colspan="3"></td></tr>
<tr><td colspan="6">计算公式</td></tr>
</table>

4. 原始数据处理

样品酸价计算公式如下:

$$X=\frac{(V-V_0)\times c\times 56.1}{m}$$

式中 X——样品的酸价，mg/g

c——氢氧化钾标准溶液的物质的量浓度，mol/L

V——样品测定所消耗的氢氧化钾标准溶液的体积，mL

V_0——空白实验所消耗的氢氧化钾标准溶液的体积，mL

56.1——氢氧化钾的摩尔质量，g/mol

m——油脂样品的质量，g

酸价≤1mg/g，计算结果保留2位小数；1mg/g＜酸价≤100mg/g，计算结果保留1位小数；酸价＞100mg/g，计算结果保留至整数位。

评价反馈

“食品（食用植物油、食用动物油）酸价的测定”考核评价表

学生姓名:__________ 班级:__________ 日期:__________

评价方式	考核项目	评价项目	评价要求	不合格	合格	良	优
自我评价（10%）	相关知识	了解食品酸价及其测定方法	相关知识输出正确（1分）	0	1	—	2
		掌握酸价测定原理	能利用测定原理正确解释实验现象（1分）				
	实验准备	能正确配制实验试剂	正确配制试剂（4分）	0	4	—	8
		能正确准备仪器	仪器准备正确（4分）				
学生互评（20%）	操作技能	能熟练进行食品（食用植物油、食用动物油）酸价的测定	实验过程操作规范熟练（15分）	0	5	10	15
		能正确、规范记录结果并进行数据处理	原始数据记录准确、处理数据正确（5分）	0	2	4	5

续表

评价方式	考核项目		评价项目	评价要求	不合格	合格	良	优
教师学业评价（70%）	课前	通用能力	课前预习任务	课前任务完成认真（5分）	0	2	4	5
	课中	专业能力	实际操作能力	正确解读国家标准（10分）	0	3	6	10
				操作规范，准确判断滴定终点（10分）	0	3	6	10
				对实验结果进行准确记录和数据处理（10分）	0	3	6	10
				两次独立测定结果的绝对差值不超过算数平均值的5%（5分）	0	1	3	5
				结果记录真实，字迹工整，报告规范（5分）	0	1	3	5
		工作素养	发现并解决问题的能力	善于发现并解决实验过程中的问题（5分）	0	5	10	15
			时间管理能力	合理安排时间，严格遵守时间安排（5分）				
			遵守实验室安全规范	实验操作符合安全规范（5分）				
	课后	技能拓展	起酥油酸价测定	正确规范完成（5分）	0	5	—	10
			人造奶油酸价测定	正确规范完成（5分）				
总分								

注：①每个评分项目里，如出现安全问题则为0分；
②本表与附录2《职业素养考核评价表》配合使用。

学习心得

拓展训练

- 完成起酥油和人造奶油酸价的测定，绘制相关操作流程小报并录制视频。
  （提示：利用互联网、国家标准、微课等。）
- 拓展所学任务，线上查找相关知识，加深对相关知识的学习。
  （例如，中国大学MOOC https://www.icourse163.org/；智慧职教 https://www.icve.com.cn等。）

巩固反馈

1. 在进行酸价测定时，指示滴定终点的溶液的颜色变化是（　　）。

   A. 由无色变红色　　　　B. 由红色变无色

   C. 由红色变绿色　　　　D. 由蓝色变无色

2. 脂肪酸败的原因有哪些？

3. 简述碱式滴定管的操作流程。

4. 学生课后总结所学内容，与老师和同学进行交流讨论并完成本任务的教学反馈。

任务 4　食品（食用植物油、食用动物油）过氧化值的测定

学习目标

知识目标

1. 了解食品过氧化值的测定在食品检验中的意义。
2. 掌握过氧化值的定义及食品过氧化值的测定原理。
3. 掌握食品过氧化值的测定流程。

技能目标

1. 能正确查找相关资料获取样品过氧化值的测定方法。
2. 能够独立进行食品过氧化值的测定。
3. 能进行食品过氧化值测定的数据处理与结果判断。

素养目标

1. 通过食品安全相关法规的学习，培养学生关注食品安全，遵守食品安全法律法规的行为习惯。
2. 通过完成任务检测，培养学生爱岗敬业及责任担当的精神。
3. 能够按现场7S及相关标准，整理现场和处理废弃物，使学生养成良好的岗位操作习惯，具备从事本专业相关的职业能力。

任务描述

过氧化值是评定油脂在氧化酸败过程中产生过氧化物含量多少的技术指标，过氧化物含量越高，则过氧化值越高。某工厂委托实验室对某批油脂产品的过氧化值进行测定。依据GB 5009.227—2023《食品安全国家标准　食品过氧化值的测定》中的第一法——指示剂滴定法，我们将按照如图5-13所示的环节完成任务。

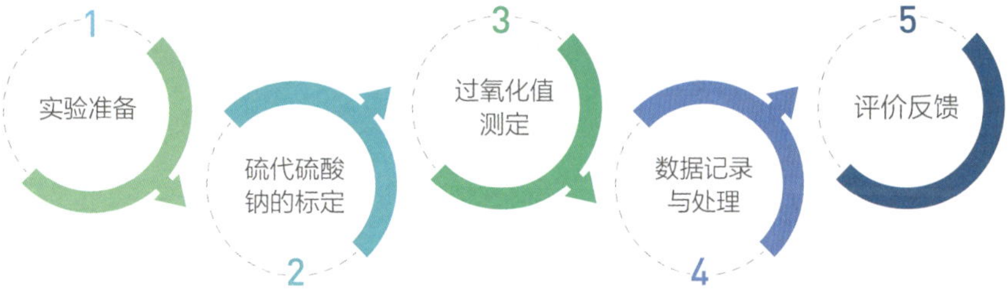

图5-13　“任务4　食品（食用植物油、食用动物油）过氧化值的测定”实施环节

任务要求

1．独立完成食用植物油和食用动物油的过氧化值的测定任务。

2．学会判断食用植物油和食用动物油的油脂质量的方法。

课前准备

一、学习资源准备

通过网络获取GB 5009.227—2023《食品安全国家标准　食品过氧化值的测定》及JJG 196—2006《常用玻璃量器检定规程》、GB/T 602—2002《化学试剂　杂质测定用标准溶液的制备》、GB/T 603—2023《化学试剂　试验方法中所用制剂及制品的制备》、GB/T 8170—2008《数值修约规则与极限数值的表示和判定》等相关资料。

二、完成预习任务

1．阅读学习相关资源，归纳食品过氧化值的测定相关知识。

2．绘制操作流程小报并初拟实验方案。

3．完成老师发布的预习小测验等相关预习任务，手机扫码完成课前测试。

食品（食用植物油、食用动物油）过氧化值的测定课前测试

三、完成课前讨论

完成《学情分析表》（附录1）。

思政园地

《中华人民共和国食品安全法》规定食品生产者采购食品原料、食品添加剂、食品相关产品，应当查验供货者的许可证和产品合格证明。作为食品从业人员，应遵守食品安全法的规定，关注食品安全。

知识链接

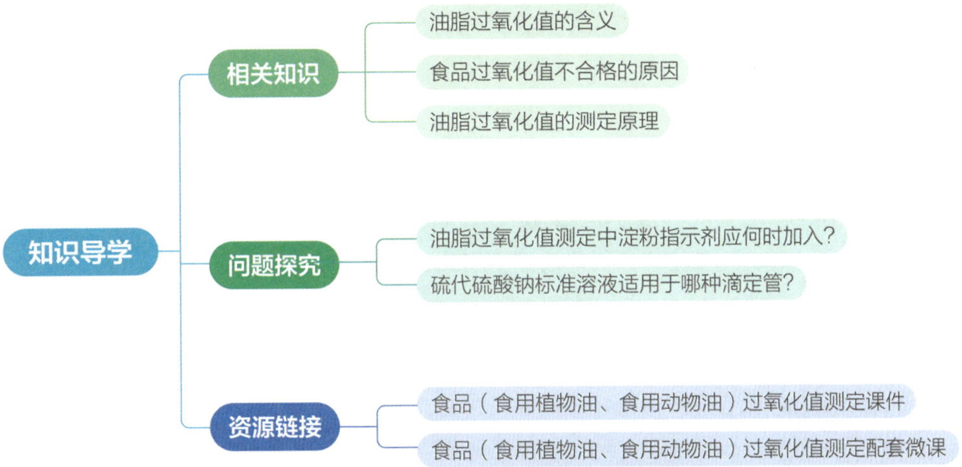

图5-14 “食品（食用植物油、食用动物油）过氧化值的测定”知识思维导图

一、相关知识

1. 油脂过氧化值的含义

油脂在酸败过程中会产生过氧化物，油脂中过氧化物含量的多少与其酸败程度成正比。过氧化值是评定油脂酸败程度的一项重要指标。过氧化值越高，油脂的氧化酸败程度越大。

可用1kg样品中的活性氧的物质的量表示过氧化值。

2. 食品过氧化值不合格的原因

造成食品过氧化值不合格的原因主要有三个。

（1）食品原料贮存不当　没有采取有效的抗氧化措施，导致原料中的脂肪被氧化，致使终产品中油脂氧化。

（2）在食品生产过程中，对用料控制不严格　如产品用油已变质等。

（3）食品贮藏条件不恰当　食品所处环境的温度、湿度、紫外线的照射等均会对食品中油脂的酸败产生影响。

油脂氧化酸败产生的过氧化物会破坏细胞膜结构，导致胃癌、肝癌、动脉硬化和急性心肌梗死等，长期食用过氧化值超标的食物对人体的健康非常不利。所以，必须严防食品过氧化值超标，提升产品质量，让食品更安全更健康。

3. 油脂过氧化值测定原理

将制备的油脂样品在三氯甲烷和乙酸中溶解，其中的过氧化物与碘化钾反应生成碘，用硫代硫酸钠标准溶液滴定析出的碘，以指示剂的颜色变化来判定滴定终点，最后通过滴定所消耗的标准溶液的体积计算油脂样品的过氧化值（图5-15）。

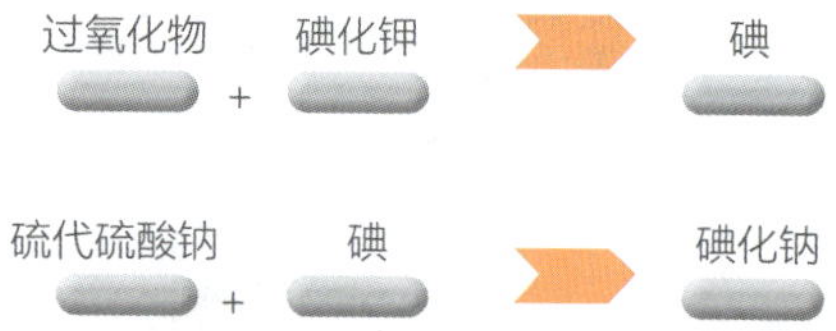

图5-15　油脂过氧化值检测原理示意图

二、问题探究

1. 油脂过氧化值测定中淀粉指示剂应何时加入?

淀粉指示剂应在硫代硫酸钠标准溶液滴定析出的碘被滴定至淡黄色时再加入。因为过早加入淀粉指示剂会吸附较多的碘，致使到滴定终点时颜色不易消退，使滴定结果产生误差。

2. 硫代硫酸钠标准溶液适用于哪种滴定管?

硫代硫酸钠具有强还原性，且硫代硫酸钠不稳定，见光易分解，因此，用硫代硫酸钠标准溶液滴定待测样品时应用棕色碱式滴定管。

三、资源链接

食品（食用植物油、食用动物油）过氧化值的测定课件

食品（食用植物油、食用动物油）过氧化值的测定配套微课

提示

在整个任务实施过程中应遵守实验室用水、用电安全操作指南及实验室各项规章制度和玻璃器皿的安全使用规范。

任务实施

一、实验准备

配图	仪器与设备	操作说明
	电热干燥箱	同项目二任务3中电热干燥箱的操作说明

配图	仪器与设备	操作说明
	分析天平（感量为0.001g）	称量完毕后，及时取出被称物品，并保持天平清洁
	干燥器	同项目二任务1中干燥器的操作说明
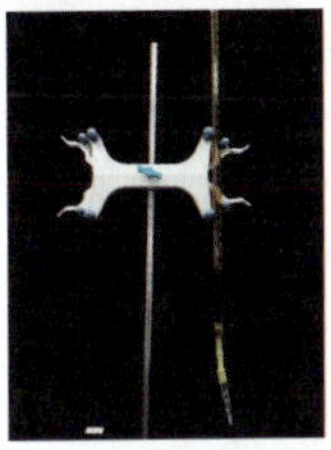	铁架台、棕色碱式滴定管	（1）也可以选用通用型滴定管； （2）滴定管使用前必须试漏、用待测液润洗； （3）读数时，滴定管必须保持垂直
	称量皿、碘量瓶、量筒、容量瓶等	（1）洗涤玻璃仪器应符合要求，否则对分析结果的准确度和精确度均有影响； （2）读数时量筒必须放平，视线要跟量筒内液体的凹液面的最低处保持水平； （3）使用容量瓶时应待溶液降至室温再进行定容

二、实施操作

1. 试剂配制

名称及配图	配制方法	操作说明
硫代硫酸钠标准溶液 	参照GB/T 601—2016配制$c(Na_2S_2O_3)$=0.1mol/L的硫代硫酸钠溶液：$c(Na_2S_2O_3)$=0.01mol/L或$c(Na_2S_2O_3)$=0.002mol/L的硫代硫酸钠溶液，由$c(Na_2S_2O_3)$=0.1mol/L的硫代硫酸钠溶液以新煮沸冷却的水稀释而成，临用前配制	（1）用时需要进行标定； （2）称取0.18g于120℃±2℃电热干燥箱中干燥至恒重的工作基准试剂重铬酸钾，置于碘量瓶中，溶于25mL水，加2g碘化钾及20mL硫酸溶液（20%）摇匀，于暗处放置10min； （3）加150mL水（15~20℃），用配制好的硫代硫酸钠滴定，近终点时加2mL淀粉指示液（10g/L），继续滴定至溶液由蓝色变为亮绿色，同时做空白实验

名称及配图	配制方法	操作说明
碘化钾饱和溶液 	称取约16g碘化钾，加入10mL新煮沸冷却的水，摇匀后贮于棕色瓶中，存放于避光处备用	（1）避光保存，要确保溶液中有饱和碘化钾结晶存在； （2）若超过空白实验要求，应重新配制
三氯甲烷-冰乙酸混合液（体积比2：3） 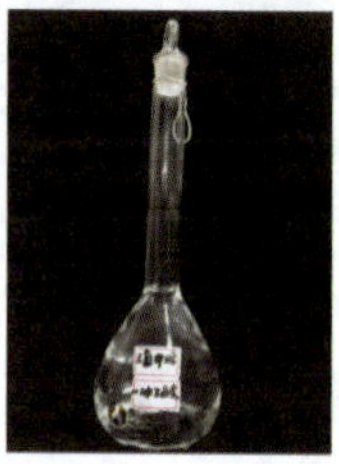	量取三氯甲烷和冰乙酸（体积比为2：3），混匀	用时现配
1%（10g/L）淀粉指示剂 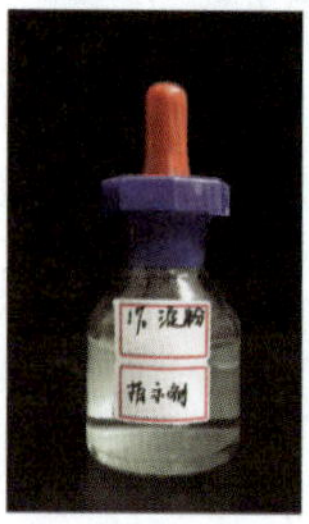	称取1g可溶性淀粉，加约5mL水调成糊状，边搅拌边倒入95mL沸水，再煮沸1～2min后，冷却备用	临用前配制

2. 样品测定

配图	操作步骤	操作说明
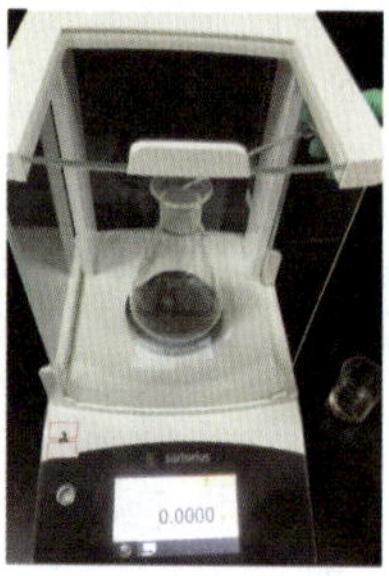	（1）称取2～3g混匀的样品（精确至0.001g），置于250ml碘量瓶中	对液体样品，振摇装有试样的密闭容器，充分混匀后直接取样；对固体样品，选取有代表性的试样置于密闭容器中混匀后取样，如有必要，将盛有固体试样的容器置于恒温水浴中，加热至开始融化，在该温度下待其全部融化后，振摇均匀，趁试样为液体时立即取样测定

配图	操作步骤	操作说明
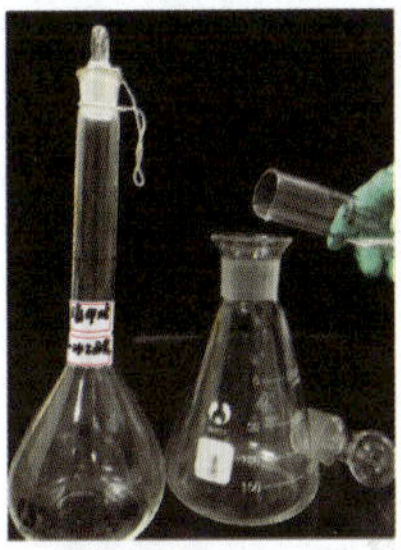	（2）加30mL三氯甲烷-冰乙酸混合液，使样品完全溶解	溶解充分
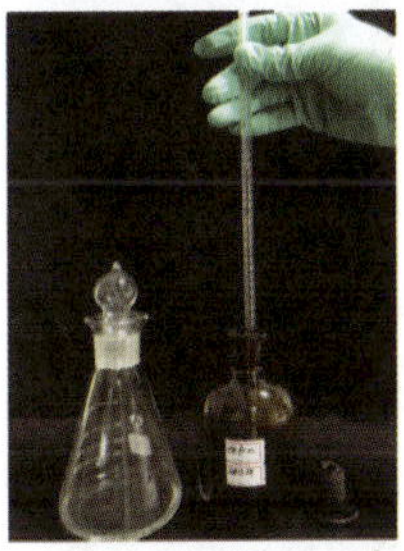	（3）加入1.00mL饱和碘化钾溶液，紧密地塞好瓶盖，并轻轻振摇0.5min	充分摇匀
	（4）在暗处放置3min，取出加100mL水，摇匀	—
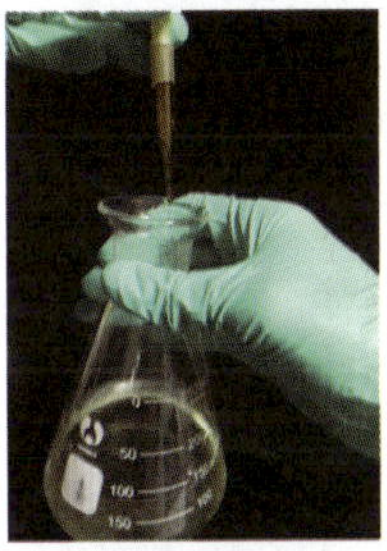	（5）用硫代硫酸钠溶液（0.002mol/L）滴定上述溶液至浅黄色	（1）碘与硫代硫酸钠的反应必须在中性或弱酸性溶液中进行； （2）碘易挥发，故滴定时溶液的温度不能过高； （3）滴定时不要剧烈摇动溶液
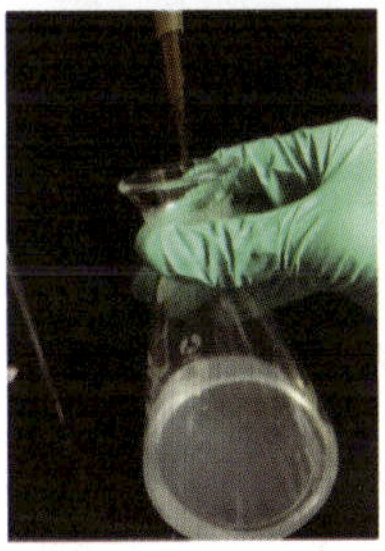	（6）加1mL淀粉指示剂，继续滴定并强烈振摇至蓝色消失即为终点	—

3. 记录原始数据（表5-4）

表5-4 食品过氧化值的测定数据记录表

样品		检测方法		检测项目	
样品编号			Ⅰ	Ⅱ	Ⅲ
硫代硫酸钠标准溶液的物质的量浓度（mol/L）		c			
样品消耗硫代硫酸钠标准溶液的体积（mL）		V			
空白实验消耗硫代硫酸钠标准溶液的体积（mL）		V_0			
样品的质量（g）		m			
样品的过氧化值（g/100g）		X			
样品过氧化值的平均值（g/100g）		$\bar{X}$			
样品是否合格					
计算公式					

4. 原始数据处理

样品过氧化值计算公式如下：

$$X=\frac{(V-V_0)\times c\times 0.1269}{m}\times 100$$

式中 X——样品的过氧化值，g/100g

c——硫代硫酸钠标准溶液的物质的量浓度，mol/L

V——样品所消耗的硫代硫酸钠标准溶液的体积，mL

V_0——空白实验所消耗的硫代硫酸钠标准溶液的体积，mL

0.1269——与1.00mL硫代硫酸钠标准滴定溶液[$c(Na_2S_2O_3)$ = 1.000mol/L]相当的碘的质量

m——样品质量，g

100——换算系数

计算结果以重复性条件下获得的两次独立测定结果的算术平均值表示，保留两位有效数字。

评价反馈

“食品（食用植物油、食用动物油）过氧化值的测定”考核评价表

学生姓名:____________　　　　　　班级:____________　　　　　　日期:____________

评价方式	考核项目	评价项目	评价要求	不合格	合格	良	优
自我评价（10%）	相关知识	了解食品过氧化值及其测定方法	相关知识输出正确（1分）	0	1	—	2
		掌握过氧化值测定原理	能利用检测原理正确解释实验现象（1分）				
	实验准备	能正确配制实验试剂	正确配制试剂（4分）	0	4	—	8
		能正确准备仪器	仪器准备正确（4分）				
学生互评（20%）	操作技能	能熟练进行食品（食用植物油、食用动物油）过氧化值的测定	实验过程操作规范熟练（15分）	0	5	10	15
		能正确、规范记录结果并进行数据处理	原始数据记录准确、处理数据正确（5分）	0	2	4	5
教师学业评价（70%）	课前 通用能力	课前预习任务	课前任务完成认真（5分）	0	2	4	5
	课中 专业能力	实际操作能力	正确解读国家标准（10分）	0	3	6	10
			操作规范，准确判断滴定终点（10分）	0	3	6	10
			对实验结果进行准确记录和数据处理（10分）	0	3	6	10
			两次独立测定结果的绝对差值不超过算数平均值的5%（5分）	0	1	3	5
			结果记录真实，字迹工整，报告规范（5分）	0	1	3	5
	课中 工作素养	发现并解决问题的能力	善于发现并解决实验过程中的问题（5分）	0	5	10	15
		时间管理能力	合理安排时间，严格遵守时间安排（5分）				
		遵守实验室安全规范	实验操作符合安全规范（5分）				

续表

评价方式	考核项目		评价项目	评价要求	不合格	合格	良	优
教师学业评价（70%）	课后	技能拓展	饼干过氧化值测定	正确规范完成（5分）	0	5	—	10
			薯片过氧化值测定	正确规范完成（5分）				
总分								

注：①每个评分项目里，如出现安全问题则为0分；
②本表与附录2《职业素养考核评价表》配合使用。

学习心得

拓展训练

- 完成饼干和薯片的过氧化值的测定，绘制相关操作流程小报并录制视频。
（提示：利用互联网、国家标准、微课等。）
- 拓展所学任务，线上查找相关知识，加深对相关知识的学习。
（例如，中国大学MOOC https://www.icourse163.org/；智慧职教 https://www.icve.com.cn等。）

巩固反馈

1. 影响过氧化值测定结果的因素有哪些？

2. 简述棕色碱式滴定管的操作流程。

3. 学生课后总结所学内容，与老师和同学进行交流讨论并完成本任务的教学反馈。

参考文献

[1] 葛宇. 食品安全检测技术概论[M]. 北京：中国质检出版社，2015.
[2] 鲁英，李彦荣. 食品检验技术基础[M]. 北京：中国劳动和社会保障出版社，2013.
[3] 田春美. 食品理化检验技术[M]. 北京：化学工业出版社，2020.
[4] 王永华，戚穗坚. 食品分析（第三版）[M]. 北京：中国轻工业出版社，2017.
[5] 朱克永. 食品检测技术[M]. 北京：科学出版社，2009.9.

附录1

学情分析表

内部	S（优势）	W（劣势）
外部	O（机会）	T（威胁）

注：S—Strengths，优势；W—Weakness，劣势；O—Opportunities，机会；T—Threats，威胁。

附录2

职业素养考核评价表

学生姓名:________________　　班级:________________　　日期:________________

评价项目	评价要求	不合格	合格	良	优
出勤 （10分）	1. 迟到3min以上为0分 2. 旷课1次为0分 3. 课中出教室1次为5分，2次为0分	0	5	—	10
仪容仪表 （20分）	1. 工服、仪容符合规范为20分 2. 工服或仪容有一项不符合为10分 3. 仪容和工服不符合规范为0分	0	10	—	20
工作过程 （40分）	1. 操作台洁净整齐为10分 2. 操作台基本洁净整齐为5分 3. 操作台不洁净不整齐为0分	0	5	7	10
	1. 实验工具码放洁净整齐为10分 2. 实验工具码放整齐为7分 3. 实验工具码放基本整齐为5分 4. 实验工具码放不整齐为0分	0	5	7	10
	1. 试剂领用符合规范为10分 2. 试剂领用不符合规范为0分	0	—	—	10
	按遵守实训室规章制度（节约能源、垃圾分类）的程度评分	0	5	7	10
沟通与表达 （10分）	1. 能口头展示自己的工作任务占5分 2. 能口头分享自己的工作成果占5分	0	5	—	10
团队合作 （5分）	按与小组成员合作的融洽程度评分	0	2	—	5
工作主动性 （10分）	按参与工作的主动性评分	0	5	—	10
社会主义核心价值观 （5分）	1. 具有社会主义核心价值观为5分 2. 缺乏社会主义核心价值观为0分	0	—	—	5
工匠精神与创新精神 （附加分：20分）	1. 工作认真细致，精益求精加15分 2. 对工作有想法，有见解加5分	0	10	15	20
共计					

注：①违反工作规范按0分处理；
②操作中出现任何安全问题按0分处理；
③工作过程标准参照食品检验实训室7S操作规范和实训制度。